ESSAI D'UN RÉPERTOIRE PALÉONTOLOGIQUE DU DÉPARTEMENT DE LA SARTHE

DRESSÉ

SUIVANT L'ORDRE DE SUPERPOSITION DES TERRAINS

OU

Liste des Fossiles observés jusqu'ici dans cette localité

PAR

M. ÉDOUARD GUÉRANGER

Membre de plusieurs Académies.

Et meditabor in omnibus operibus tuis,
et in adventionibus tuis exercebor.
PSALM. LXXVI.

LE MANS

IMPRIMERIE DE JULIEN, LANIER ET C[e],

PLACE DES HALLES, 12.

1853.

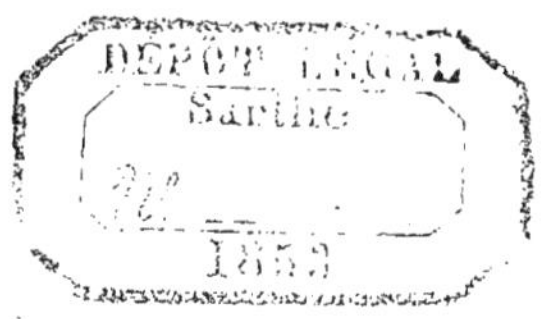

RÉPERTOIRE

PALÉONTOLOGIQUE

DE LA SARTHE.

ESSAI D'UN RÉPERTOIRE

PALÉONTOLOGIQUE

DU

DÉPARTEMENT DE LA SARTHE

DRESSÉ

SUIVANT L'ORDRE DE SUPERPOSITION DES TERRAINS

OU

Liste des Fossiles observés jusqu'ici dans cette localité

PAR

M. ÉDOUARD GUÉRANGER

Membre de plusieurs Académies.

Et meditabor in omnibus operibus tuis ;
et in adventionibus tuis exercebor.

PSALM. LXXVI.

LE MANS

IMPRIMERIE DE JULIEN, LANIER ET Cie.

PLACE DES HALLES, 12.

1853.

INTRODUCTION.

En publiant cette brochure, qui renferme le résumé d'observations locales faites pendant un grand nombre d'années, mon intention est d'offrir, dans un cadre très restreint, un inventaire des richesses paléontologiques du département de la Sarthe, en attendant que je sois en mesure de livrer au public le catalogue raisonné auquel je travaille déjà depuis longtemps.

Ce sommaire est aussi destiné à rectifier plusieurs déterminations faites sur des échantillons incomplets, et quelques positions locales ou stratigraphiques désignées d'après des indications inexactes.

Si cette publication anticipée paraissait à quelques uns sans utilité, j'ajouterais que ce petit livre pourra servir : A faire connaître, d'un coup d'œil, la paléontologie de la Sarthe ; A classer nos collections locales d'une manière uniforme ; Enfin il attirera, sans doute, à l'auteur, des observations dont le futur catalogue ne manquera pas de tirer bénéfice. Si mes prévisions ne sont pas trompées, il y aura donc un peu de profit pour tout le monde.

Il en résultera, peut-être, que les voyageurs qui nous font assez souvent l'honneur de nous visiter n'auront plus aussi fréquemment l'occasion de publier nos espèces comme nouvelles, ce qui, à la rigueur, est leur droit, ni de présenter comme ayant été découvertes par leurs soins, celles qui sont depuis longtemps dans nos collections. C'est un inconvénient, sans doute, mais que je n'ai pas trouvé suffisant pour me faire abandonner mon projet.

Cherchant, avant tout, l'exactitude qui fera peut-être le seul mérite de cet opuscule tout local, je me suis imposé l'obligation de n'y faire entrer que les fossiles trouvés par moi-même, ou qui m'ont été communiqués par des personnes de ma connaissance qui les avaient recueillis. Ceci expliquera l'absence de plusieurs espèces, déjà publiées, dont je ne conteste pas l'origine, mais dont je ne voudrais pas non plus prendre la responsabilité.

Je passerai encore sous silence : Les fossiles, dont la détermination, comme espèce, me laisse des doutes que je m'efforcerai d'éclaircir lors de la publication de mon catalogue ;

Ceux qui, renfermés dans mes boites de voyage, ne sont étudiés qu'à mesure que je les fais entrer dans la place qui leur est assignée par la classification ;

Enfin ceux qui existent dans les collections particulières que je n'ai pas encore eu l'occasion de voir ou d'examiner avec assez d'attention.

Si l'on joint à toutes ces omissions les espèces certainement nombreuses qui n'ont encore été observées par personne, et plusieurs localités importantes qui n'ont pas même été visitées, il restera encore de quoi exciter le zèle des collecteurs, et leur procurer la satisfaction de faire, dans nos contrées, de véritables découvertes qui, pour être moins fréquentes, n'en seront que plus dignes d'intérêt.

Le département de la Sarthe a acquis, dans ces derniers temps, une réputation méritée sous le rapport de ses fossiles. En effet, sa constitution géologique si variée présente bien souvent à l'observateur des occasions précieuses, et il est juste de convenir que ces occasions ont été mises à profit, et qu'elles ont propagé chez nous le goût de la paléontologie. Il en est résulté un assez grand nombre de collections véritablement sérieuses, que je ne peux pas signaler ici avec tout le détail qu'elles méritent, mais qu'il ne m'est pas permis non plus de passer sous silence.

1. M. Maulny est le premier qui se soit occupé à recueillir les fossiles du département. C'est son cabinet qui a formé le noyau de notre Musée du Mans, aujourd'hui si riche en fossiles de presque tous les terrains.

MM. Narcisse Desportes, Ch. Drouet, Menard de la Groye, M. et Mme Cauvin ont continué les recherches de M. Maulny.

2. La collection de M. N. Desportes, classée par terrain, est devenue fort importante.

3. Celle de M. Drouet, également très nombreuse, surtout pour le grès vert et pour le terrain oxfordien inférieur, a été en partie communiquée à Lamarck, par l'intermédiaire de M. Menard de La Groye. C'est sur les échantillons de M. Drouet que les espèces fossiles de la Sarthe ont été nommées et décrites par le savant auteur de l'*Histoire naturelle des animaux sans vertèbres*.

4. La collection de M. Menard de La Groye a été dispersée.

5. Celle de M. et Mme Cauvin est aujourd'hui en grande partie déposée à Notre-Dame de Sainte-Croix, maison d'éducation fondée par M. l'abbé Moreau.

6. M. Leufroy, jeune naturaliste que la mort nous a enlevé il y a plus de vingt ans, avait réuni un grand nombre de fossiles du département; sa belle collection, parfaitement classée, a été sauvée par M. N. Desportes qui en a fait l'acquisition.

7. M. Clément Goupil, docteur en Médecine, a formé une nombreuse collection de fossiles, qui se trouve partie à La Flèche, partie à sa terre de Bezonnais.

8. M. Gallienne, curé de Sainte-Cerotte, a réuni dans son presbytère une collection importante surtout par plusieurs espèces uniques. Presque tous les terrains s'y trouvent représentés, mais plus particulièrement le grès vert, l'oxfordien inférieur, et le carbonifère de Sablé dont il possède des échantillons remarquables. Le terrain crétacé supérieur qui s'exploite à Saint-Fraimbault lui a aussi procuré de très bonnes espèces.

9. M. Chauvin, pharmacien honoraire, avait formé à sa terre de Pizieux, près Mamers, une belle collection de fossiles appartenant à différents étages du terrain jurassique. Cette collection est dispersée.

10. M. Delahaye, médecin à Foulletourte. Collection assez nombreuse de fossiles de la Sarthe; elle est sur le point d'être dispersée.

11. M. Cintrat avait formé à sa terre de la Fontaine-Saint-Martin une riche collection de coquilles vivantes et fossiles. Les espèces appartenant aux terrains de la Sarthe ont été dispersées.

12. M. Blisson, entomologiste très distingué, avait aussi réuni quelques fossiles particulièrement du lias supérieur et de l'oxfordien inférieur; ce commencement de collection est dispersé.

13. M. Davoust, curé à Asnières, possède à son presbytère une collection très riche de fossiles qu'il a recueillis dans le département de la Sarthe, spécialement dans les terrains paleozoïques, du lias supérieur, de l'oolite inférieure des géologues normands, *Bajocien* de M. d'Orbigny. Cette collection qui renferme des échantillons précieux, comme rareté et comme conservation, est rangée avec le plus grand soin.

14. M. Gustave de Lorières. Je ne connais guère cette collection que par le zèle du collecteur dont j'ai quelquefois partagé les recherches, et par les nombreuses citations de M. Alc. d'Orbigny.

15. M. Triger, auteur de la belle carte géologique de la Sarthe, s'est enfin décidé à créer une collection de fossiles. L'activité que déploie ce savant géologue dans toutes ses entreprises lui a permis de réunir en peu de temps une série fort intéressante.

16. M. Bachelier, auteur d'une carte géologique inédite du département de l'Orne, a réuni une collection intéressante de fossiles pris dans les départements de l'Orne et de la Sarthe, et l'a déposée à la sous-préfecture de Mamers.

17. M. Ferret. Je ne saurais oublier les espérances que nous faisait concevoir ce très jeune homme, qui, tout en suivant les cours du collège, avait trouvé le temps de ramasser des fossiles et d'en former une véritable collection, surtout dans les terrains de grès vert et de l'oolite inférieure des géologues normands. Je fais des vœux pour que cette collection, qui aujourd'hui est conservée par la famille comme un souvenir précieux, soit acquise pour notre Musée.

Je citerai encore comme fondateurs ou possesseurs de collections intéressantes :

18. M. P. de Viennet; 19. M. Chaudron, pharmacien; **20. M. ?** notaire à Marolles-les-Braults: **21. M. Guibet; 22.** L'abbé **Jouvence; 23. M. Diart.**

Et comme établissements publics :

24. Le Musée du Mans, qui possède des raretés, et qui s'est enrichi d'un grand nombre d'espèces intéressantes sous la direction savante de M. N. Desportes.

25. Le Musée du séminaire du Mans, fondé par M. l'abbé Le Gendre et peut-être aujourd'hui un peu trop abandonné.

26. Le Musée du petit séminaire de Précigné, fondé depuis peu par M. l'abbé Furet, et en voie de progrès.

27. A toutes ces collections si riches pour la plupart, je me permets d'ajouter celle à laquelle je travaille depuis treize ans, et qui sera la base de ce *Répertoire*. Mais je ne puis le faire sans déposer ici un témoignage de ma reconnaissance envers M. Alc. d'Orbigny, qui, en nommant mes premiers fossiles, m'a dirigé dans la marche à suivre pour mes premières déterminations. J'ai aussi des remerciements à adresser à MM. de Verneuil et de Koninck, pour quelques déterminations de fossiles paléozoïques, ainsi que pour des échantillons types qu'ils ont bien voulu me céder. Je m'acquitte avec plaisir du même devoir envers MM. Ad. Brongniart, Milne Edwards, J. Haime et Michelin, pour plusieurs Echinodermes, Polypiers et Végétaux qu'ils ont eu l'obligeance de me nommer.

Le Mans, ce 20 *janvier* 1853.

Ed. GUÉRANGER.

ORDRE SUIVI DANS CET OPUSCULE.

TERRAIN PALÉOZOIQUE.

Etage **Silurien.** Localités : Fresnay, Assé-le-Boisne, Chemiré-en-Charnie, etc.

Etage **Dévonien.** Localités : Loué, Joué-en-Charnie, Brûlon, Viré, etc.

Etage **Carbonifère.** Localités : Sablé, Juigné, Solesmes, Asnières, etc.

TERRAIN JURASSIQUE.

Etage du **Lias moyen.** Localité : Précigné.

Etage du **Lias supérieur.** Localités : Poillé, Chevillé, Brûlon, Asnières, etc.

Etage de l'**Oolite inférieure** *des géologues normands*. Localités : Conlie, Guéret, etc.

Etage de la **Grande Oolite** (*oolite de Bath*. des Anglais). Peu étudié dans la Sarthe. Localité : Mamers, Bourg-le-Roi, etc.

Etage **Oxfordien inférieur.** Localités : Chauffour, Coulans, Domfront-en-Champagne, etc., etc.

Etage **Oxfordien supérieur.** Localité : Aubigné.

Etage du **Coral-rag.** Localités : Ecommoy, Soulitré, la Ferté-Bernard, etc.

Etage de **Kimmeridge.** }
Etage de **Portland.** } *Encore inconnus dans la Sarthe.*

TERRAIN CRÉTACÉ.

Etage **Néocomien.** }
Etage du **Gault.** } *Encore inconnus dans la Sarthe.*

Etage du **Grès vert.** Localités : Le Mans, Sainte-Croix, Yvré-l'Evêque, Changé, Savigné, la Trugale, Pont-de-Gennes, Saint-Calais, etc., etc., etc.

Etage de la **Craie tufau.** Localités : Sargé, Ecommoy, Poncé, Parigné-l'Evêque, etc.

Etage de la **Craie supérieure.** Localité : Saint-Fraimbault.

TERRAIN TERTIAIRE.

Etage du **Grès de Fontainebleau.** Localités : Saint-Pavace, la Chapelle-Saint-Aubin, Fyé, etc.

Etage **Lacustre** *peu défini*. La Chapelle-Saint-Aubin, Fyé, etc.

OBSERVATIONS GÉNÉRALES.

Mon éloignement de Paris ne me permettant pas de m'entourer de tous les conseils que j'espère obtenir lors de la publication de mon *Catalogue*, ni de consulter tous les ouvrages qui nous manquent dans nos provinces, j'ai indiqué comme *espèces non déterminées* celles dont je ne possède ni description, ni figure et qui ne sont pas nommées dans ma collection ; quant à celles que j'ai des motifs de regarder comme nouvelles, je me suis hasardé à leur donner un nom. Si j'ai commis des erreurs à ce sujet, je les rectifierai dans mon *Catalogue*.

TERRAIN PALÉOZOIQUE.

ÉTAGE SILURIEN.

Quoique cet étage présente dans le département de la Sarthe un développement assez considérable, nous ne connaissons encore qu'un bien petit nombre de fossiles, d'origine certaine, qui puissent lui être rapportés. Les lieux où cette formation se rencontre ont été fréquemment visités par les géologues, tandis qu'ils ont peu attiré l'attention des paléontologistes. C'est ce qui fait que notre faune silurienne connue ne comprend encore qu'un si petit nombre d'espèces.

CRUSTACÉS.

CHEIRURIDES Tournemini, M. Rouault. Découvert par M. l'abbé Chorin dans du minerai de fer de Saint-Victeur. *Musée du Mans.*

MOLLUSQUES.

MYTILUS?, Linné. Espèce non déterminée; à l'état d'empreinte sur la grauwacke. Butte de Folleton, commune d'Assé-le-Boisne. *Mus. du M.*

LITHODOMUS?, Cuvier. Petite espèce, non déterminée, qui appartient probablement à l'étage jurassique posé immédiatement sur le calcaire silurien, dans lequel on la rencontre en abondance. Fresnay. *Mus. du M.*

POSIDONOMIA ?, Bronn. Espèce non déterminée ; à l'état d'empreinte sur la grauwacke. Butte de Folleton. *Musée du M.* — Considérée par quelques naturalistes comme une Avicule.

— ? —

GRAPTOLITUS, Hisinger. — *Graphtolites.* — *Prion.*

sagittarius. Hising. Sur les schistes ampéliteux de Chémiré-en-Charnie. *Mus. du M.*

ÉTAGE DÉVONIEN.

J'ai profité, pour cet étage, de la liste publiée dans le *Bulletin de la Société géologique de France*, par M. de Verneuil pour les crustacés et les mollusques, et par M. J. Haime pour les polypiers. Les espèces que j'ai ajoutées sont marquées d'un asterisque (*).

CRUSTACÉS.

PHACOPS latifrons, Bronn. Pont-Marie, commune de Viré. *Ma collection.*

DALMANIA calliteles, de Vern. Les Courtoisières, commune de Brûlon. *Ma collection.*

sublaciniata, de Vern. Les Courtoisières. *Collection de M. l'abbé Davoust.*

HOMALONOTUS Gervillei, de Vern. Les Courtoisières. *Ma collection.*

* **Barrandi**, Marie-Rouault. Les Courtoisières. *Ma collection.*

PROETUS Cuvieri, Stein. Les Courtoisières. *Collection de M. Davoust.*

BRONTEUS Brongniarti, Barrande. Près Sablé. *Collection ?*

* **CHEIRURUS Gibbus**, de Vern. Pont-Marie, commune de Viré. *Ma collection.*

MOLLUSQUES.

GOMPHOCERAS ?, Sowerby. Espèce non déterminée. Pont-Marie. *Ma collection.*

ORTHOCERATITES, Breynius.

calamiteus, Munst. Les Courtoisières. *Ma collection.*

Buchii, de Vern. Pont-Marie. *Collection ?*

— Espèce indéterminée : Test lisse, cloisons écartées. Pont-Marie. *Ma collection.*

* — Petite espèce indéterminée : Anneaux saillants, stries fines et nombreuses. Pont-Marie *Ma collection.*

CAPULUS, Montfort.

Loriereì, de Vern. Les Courtoisières. *Ma collection.*

robustus ?, Barr. Les Courtoisières. *Ma collection.*

— Petite espèce rapprochée du *C. rostratus*, Barr. Pont-Marie. *Ma collection.*

* — Espèce indeterm., conique, un peu arquée, non anguleuse. Chassegrain, commune de Joué-en-Charnie. *Ma collection.*

HELCION, Montfort. Petite esp. indeterm. Les Court. *Collection?*

EVOMPHALUS, Sowerby.

subalatus, de Vern. Les Courtoisières. *Ma collection.*

* — Une petite espèce indéterm. Entièrement plane, Pont-Marie. *Ma collection.*

MACLURITES.

Barrandei, de Vern. Brûlon. *Collection?*

TURBO, Linné.

* — Une petite espèce globuleuse non déterminée. Pont-Marie. *Ma collection.*

Januarum, de Vern. Les Courtoisières. *Ma collection.*

LOXONEMA, Phillips.

Hennahiana, Phill. Pont-Marie. *Ma collection.*

MACROCHEILUS, Phillips.

acutus, Sow., sp. Pont-Marie. *Ma collection.*

* — ? Une autre espèce indéterminée assez grosse. Pont-Marie. *Ma collection.*

* — Une autre espèce indéterminée presque cylindrique. Pont-Marie. *Ma collection.*

BELLEROPHON, Montfort.

subdecussatus, de Vern. Pont-Marie. *Ma collection.*

* **angulatus,** Ed. G. petite espèce comprimée, striée, dos anguleux, sans échancrure et sans bandes distinctes (*Cyrtolites,* Conrad), Pont-Marie. *Ma collection.*

* **Verneuili,** Ed. G. Espèce d'environ trois centimètres de diamètre, lignes longitudinales se grossissant en arrivant vers la bouche, stries transverses beaucoup moins apparentes, bande du dos large et bien marquée. Les Courtoisières. *Ma collection.*

* **NATICA,** Adanson. Espèce non déterminée. Tours de spire un peu embrassants. Pont-Marie. *Ma collection.*

* **DENTALIUM?,** Linné. Un seul fragment que je rapporte à ce genre, et qui est trop incomplet pour être déterminée. Les Courtoisières. *Ma collection.*

CONULARIA, Sow.

Koninckii, Ed. G. Charmante espèce dans un état parfait de conservation, Les Courtoisières. *Ma collection.*

PTERINEA, Goldfuss.
spinosa?, Phill. Pont-Marie, les Courtoisières. *Collection ?*
elegans, Goldf. Pont-Marie, indiqué par erreur dans le *prodrome de paléontologie*, à Guéret, où ne se trouve que du terrain jurassique. *Ma collection.*
AVICULA, Klein.
* **Orbignyi**, Ed. G. Espèce assez grande, ornée de larges bandes plates concentriques, Chassegrain. *Ma collection.*
— Espèce non déterminée, renflée, ornée de stries transverses fines et nombreuses, Chassegrain. *Ma collection.*
— Esp. non déterm. Côtes transverses saillantes coupées par des lignes membraneuses. Pont-Marie. *Ma collection.*
— Espèce lisse non déterminée. Pont-Marie. *Ma collection.*
* **CARDINIA?** Agassiz. Espèce non déterminée. Les Courtoisières. *Ma collection.*
MYTILUS, Linné. Deux espèces non déterminées. Pont-Marie. *Ma collection.*
NUCULA, Lamarck.
fornicata, Goldf. Pont-Marie. *Ma collection.*
CONOCARDIUM, Bronn.
clathratum, d'Orb. Les Courtoisières. *Ma collection.*
* — Espèce non déterminée. Côtes aplaties, non anguleuses; coquille plus grosse que la précédente. Les Courtoisières. *Ma collection.*
* — Petite espèce non déterminée. Les côtes du prolongement conique se terminent en dessous par des dents qui rendent la coquille un peu baillante. Pont-Marie. *Ma collection.*
CHONETES, Fischer.
minuta ? de Buch. sp. Les Courtoisières. *Ma collection.*
sarcinulata, Schloth. sp. Brûlon. *Ma collection.*
Boblayei, de Vern. Pont-Marie. *Ma collection.*
LEPTÆNA, Dalman.
Murchisoni, de Vern. et d'Arch. Chassegrain. *Ma collection.*
— Espèce indéterminée, ayant des rapports avec la précédente. Pont-Marie. *Ma collection.*
Sedwickii, de Vern. et d'Arch. Pont-Marie. *Ma collection.*
Bohemica, Barr. Pont-Marie. *Ma collection.*
Phillipsi, Barr. Pont-Marie. *Ma collection.*
Davousti, de Vern. Les Courtoisières. *Ma collection.*
clausa, de Vern. Pont-Marie. *Collection ?*
depressa, Sow. Pont-Marie *Ma collection.*
Bouei, Barr. Chassegrain. *Ma collection.*
devonica, d'Orb. Pont-Marie. *Ma collection.*
ORTHIS, Dalman.
striatula, d'Orb. Pont-Marie. *Ma collection.*
Beaumonti, de Vern. Chassegrain. *Collection?*
orbicularis, de Vern. et d'Arch. Pont-Marie. *Ma collection.*
Gervillei, Barr. Pont-Marie. *Ma collection.*
— Variété à stries plus fines. Pont-Marie. *Ma collection.*
Trigeri, de Vern. Pont-Marie. *Ma collection.*
Michelini. Léveillé. Pont-Marie. *Ma collection.*

TEREBRATULA, Lwyd.

concentrica, de Buch, *Spirigera*. d'Orb. Pont-Marie. *Ma collection.*

— Variété à sinus plus profond. Chassegrain. *Ma collection.*

Hispanica, de Vern. et d'Arch., *Spirigera*, d'Orb. Pont-Marie *Ma collection.*

undata, Defr. Les Courtoisières. *Ma collection.*

scalprum, Roemer. Pont-Marie. *Ma collection.*

Archiaci, de Vern. Chassegrain. *Ma collection.*

reticularis, *Spirigerina*, d'Orb. Pont-Marie. *Ma collection.*

Eucharis? Barr. Pont-Marie. *Ma collection.*

Subwilsoni, d'Orb. Pont-Marie. *Ma collection.*

prominula, Roemer. Pont-Marie. *Ma collection.*

Guerangeri, de Vern. Les Courtoisières. *Ma collection.*

Pareti, de Vern Pont-Marie. *Ma collection.*

crispata? Sow. Pont-Marie. *Ma collection.*

lepida, Goldf. Pont-Marie. *Ma collection.*

* **elongata**, Scholth. Pont-Marie. *Ma collection.*

* **principilaris**, de Buch. Les Courtoisières. *Ma collection.*

PENTAMERUS, Sowerby.

galeatus? Dalman , sp. Pont-Marie. *Ma collection.*

globus, de Vern. Pont-Marie. *Ma collection.*

SPIRIFER, Sowerby.

Rousseau, M. Rouault. Pont-Marie *Ma collection.*

macropterus, Goldf. Chassegrain. *Collection?*

cultrijugatus, Roemer, Chassegrain. *Ma collection.*

Trigeri, de Vern. Les Courtoisières. *Ma collection.*

Davousti, de Vern. Pont-Marie. *Ma collection.*

heteroclytus?, de Vern. et d'Ach. *calceola* Defr. *cyrthia*, Dalm. J'ai marqué cette espèce d'un point de doute parce qu'elle est toujours plus petite que le type. Pont-Marie. *Ma collection*

* **Pellico**, de Vern. et d'Arch. Joué-en-Charnie. *Ma collection et celle de M. Davoust.*

ORBICULOIDEA, d'Orb.

Edwardsi, Ed. G. Coquille supérieure conique, l'inférieure plane, stries circulaires. Les Courtoisières. *Ma collection.*

BRYOZOAIRES.

* **GORGONIA**, Linné.

* **undulata**, Mich. Chassegrain. *Ma collection.*

* **Bouchardi**, Mich. Brûlon. *Ma collection.*

* **ripisteria**, Mich. Chassegrain. *Ma collection.*

* **RETEPORA**, Lamarck.

* **retiformis**, Mich. Chassegrain. *Ma collection.*

CRINOIDES.

PLATICRYNUS, Miller. Espèce non déterminée. Pont-Marie. *Ma collection.*

— ? — Un genre nouveau. Pont-Marie. *Ma collection.*

— ? — Plusieurs tiges de genres et espèces non déterminés. *Ma collection.*

ZOOPHYTES.

HELIOLITES, Milne Edwards et Jules Haime.
interstincta, Miln. Edw. et J. Haim. Pont-Marie. *Ma collection.*
Murchisoni, Miln. Edw. et J. Haime. Pont-Marie. *Collection?*
FAVOSITES, Lamarck.
Goldfussii, d'Orb. Pont-Marie. *Ma collection.*
polymorpha, Goldf. Pont-Marie. *Ma collection.*
cornigera, d'Orb. Pont-Marie. *Collection?*
fibrosa, Lonsdale, Pont-Marie. *Ma collection.*
dubia, Miln. Edw. et J. Haim. Chassegrain. *Collection?*
MICHELINIA, de Koninck.
geometrica, Miln. Edw. et J. Haim. Pont-Marie. *Ma collection.*
CHÆTETES, Fischer.
Torrubiæ, de Vern. et J. Haim. Pont-Marie. *Ma collection.*
Trigeri, Miln. Edw. et J. Haim. Les Courtoisières. *Ma collection.*
Goldfussii, Miln. Edw. et J. Haim. Pont-Marie. *Collection?*
BEAUMONTIA, Milne Edwards et Jules Haime.
Guerangeri, Miln. Edw. et J. H. Joué-en-Charnie, carrière de Beaumont. *Ma collection.*
AULOPORA, Goldfuss.
cucullina, Michel. Pont-Marie. *Ma collection.*
AMPLEXUS, Sowerby.
annulatus, de Vern. et J. H. Viré, Brûlon. *Collection de M. Davoust et la mienne.*
CHONOPHYLLUM, Milne Edwards et Jules Haime.
perfoliatum, Miln. Edw. et J. H. Brûlon. *Collection?*
CYATHOPHYLLUM, Goldfuss.
helianthoides, Goldf. Joué-en-Charnie. *Collection?*
quadrigeminum, Goldf. Pont-Marie. *Collection?*
* **cœspitosum,** Goldf. Chassegrain. *Ma collection.*

— ? —

* **TENTACULITES,** Schlotheim.
* **annulatus,** Schloth. Pont-Marie, les Courtoisières. *Ma collection.*
* **scalaris,** Schloth. Pont-Marie, les Courtoisières. *Ma collection.* Cette espèce pourrait bien être la même que la précédente dépouillée de son test.
* **striatus,** Ed. G. Côtes élevées, obliques, test entièrement couvert de stries circulaires. Pont-Marie. *Ma collection.*

ETAGE CARBONIFÈRE.

De même que pour l'étage dévonien, j'ai suivi la liste publiée dans le *Bulletin de la Société Géologique de France*, par MM. de Verneuil et J. Haime, en la complétant par quelques espèces de ma collection, que l'on reconnaîtra par l'astérisque (*) qui les précède.

CRUSTACÉS.

PHILLIPSIA, Portlock.
gemmulifera, de Koninck. *Asaphus*, Phill., Sablé. *Ma collection.*

Phillipsia.

Derbyensis, de Kon. *Entomolitus onicites*, Martin. Port-étroit. *Ma collection.*

MOLLUSQUES.

* **NAUTILUS**, Breynius.

Cordieri, N. Desportes. Grande espèce non décrite. *Musée du Mans.*

* **ORTHOCERATITES**, Breynius. Plusieurs espèces non déterminées. *Musée du Mans. Ma collection*

BELLEROPHON, Montfort.

hiulcus, Sow. Juigné, Solesmes. *Ma collection.*

* **Corriei**, d'Orb. Solesmes. *Ma collection.*

costatus, Sow. Juigné, Solesmes. *Ma collection.*

bicarinus, Léveillé, Juigné. *Ma collection.*

* **Solesmensis**, Ed. G. Espèce ornée de lignes transversales très saillantes. Juigné. *Ma collection.*

* **MURCHISONIA**, de Verneuil et d'Arch. Plusieurs espèces non déterminées. Juigné, Solesmes. *Ma collection.*

CAPULUS, Montfort,

vetustus, de Koninck. Juigné, *Collection de M. Davoust et la mienne.*

— Espèce non déterminée. Juigné. *Ma collection.*

EUOMPHALUS, Sowerby.

pentangulatus, Sow. Juigné, Solesmes. *Ma collection.*

catillus, Sow. Juigné, Solesmes. *Ma collection.*

æqualis. Sow. Localité ? *Collection ?*

Dyonisii, de Kon. Solesmes. *Ma collection.*

helicoides, de Kon. *Ampullaria*, Sow. Localité ? *Collection?*

nodosus, Sow. *Théval* (*Mayenne*). Bel exemplaire dans la *collection de M. N. Desportes.*

CONOCARDIUM, Bronn.

fusiforme, d'Orb. *Pleurorhynchus*, M'Coy. Localité ? *Collection ?*

hybernicum, Agass. Bel exemplaire avec une partie de son expansion rayonnante, Juigné. *Ma collection.*

CYPRICARDIA, Lamarck. Petite espèce non déterminée. Juigné. *Ma Collection.*

AVICULA, Klein. Espèce non déterminée. Juigné. *Ma collection.*

TEREBRATULA, Lwyd.

acuminata, Sow. *Atripa*, d'Orb. Juigné. *Ma collection.*

sacculus, Martin. Juigné. *Ma collection.*

SPIRIFER, Sowerby.

glaber, Sow. Juigné. *Ma collection.*

cuspidatus, Sow. Juigné. *Ma collection.*

striatus, Sow. Localité ? *Collection ?*

ORTHIS, Dalman.

arachnoidea, Phil. Sp. Juigné. *Ma collection.*

resupinata, Mart. Juigné. *Ma collection.*

CHONETES, Fischer.

comoides, de Kon. Juigné. *Ma collection.*

papilionacea, de Kon. Juigné. *Ma collection.*

PRODUCTUS, Sowerby.

semireticulatus, Flem. *Anomites*, Mart. Juigné. *Ma collection.*

Productus.

pustulosus, Phill. Juigné. *Ma collection.*

plicatilis, Sow. Juigné. *Ma collection.*

giganteus, Sow. Juigné. *Ma collection.*

ECHINODERMES.

PALÆCHINUS, M'Coy.

Verneuili, Ed. G. Cette belle espèce, que je me fais un plaisir de dédier à M. de Verneuil, comme souvenir de ses bons conseils, pourra bien, dans la suite, être rapportée à un autre genre. C'est l'absence complète de pores ambulacraires qui me suggère cette opinion. Juigné. *Ma collection.*

ZOOPHYTES.

MICHELINIA, de Koninck.

tenuisepta, de Kon. Juigné. *Collection de M. Davoust, et la mienne.*

SYRINGOPORA, Goldfuss.

parallela, Lonsd. Juigné. *Ma collection.*

ZAPHRENTIS, Raffinesque et Clifford.

Phillipsii, Milne Edw. et J. H. Juigné. *Ma collection.*

excavata, Milne Edw. et J. H. Juigné. *Ma collection.*

Guerangeri, Milne Edw. et J. H. Juigné. *Ma collection.*

cylindrica, Milne Edw. et J. H. *Caninia gigantea*, Mich. Juigné. *Ma collection.*

LITHOSTROCION, Lwyd.

irregulare, Milne Edw. et J. H. *Soulgé (Mayenne). Collection ?*

affine, Milne Edw. et J. H. *Argentré (Mayenne). Collection ?*

VÉGÉTAUX.

CALAMITES dubius, Artis. *Ma collection.*

SPHENOPTERIS Hœninghausi (*var. major*), Ad. Br. *Ma collection.*

— **furcata**, Ad. Br. *Ma collection.*

LEPIDODENDRON erectum, Ad. Br. *Ma collection.*

— **Lorierei**, Ad. Br. *Ma collection.*

— **gracile**, Lindl. et Hutt. Espèce recueillie par M. Ad. Brongniart dans les mines de Monfrou, près Sablé.

SIGILLARIA tesselata, Ad Br. Mines de Solesmes. *Ma collection.*

Guerangeri, Ad Br. Mines de Solesmes. *Ma collection.*

? **Verneuilleana**, Ad. Br. *Collection ?*

STIGMARIA ficoides, Ad. Br. *Collection ?*

TERRAIN JURASSIQUE.

ETAGE DU LIAS MOYEN.

Cet étage peu répandu dans la Sarthe et rarement visité n'a encore fourni à nos collections qu'un bien petit nombre d'espèces. Voici, en abrégé, la liste des fossiles que j'y ai recueillis ; je la donne sans déterminations spécifiques, n'ayant pas encore étudié suffisamment la faune de ce terrain.

La collection de M. l'abbé Davoust, et surtout celle du petit séminaire de Précigné renferment plusieurs autres espèces que je n'ai pas rencontrées.

BELEMNITES, Lam. Deux espèces.
ACTEONINA, d'Orb. Une espèce.
PLEUROTOMARIA, Defr. Une espèce.
PHOLODOMYA, Sow. Une espèce.
LYONSIA ?, Turton. Une espèce.
ASTARTE, Sow. Une espèce.
MYTILUS, Linné. Une espèce.
LIMA, Bruguière. Deux espèces.
PECTEN, Gualtieri Tois espèces.
OSTREA, Linné. Une espèce.
SPIRIFER, Sow. Une espèce lisse et une espèce cannelée.
TEREBRATULA, Lwyd. Quatre espèces.

ÉTAGE DU LIAS SUPÉRIEUR.

BELEMNITES, Lamarck.
brevis, Blainv. Asnières. *Ma collection.*
Tessonianus, d'Orb. Avoise, Chevillé. *Ma collection.*
curtus, d'Orb. Asnières, Chevillé, Poillé. *Ma collection.*
NAUTILUS, Breynius.
inornatus, d'Orb. Chevillé, Asnières. *Ma collection.*
— Une espèce très grosse non déterminée, marquée de stries longitudinales. *Ma collection.*
AMMONITES, Bruguière.
serpentinus, Schloth., Chevillé, Avoise, Poillé, Chassillé. *Ma collection.*
bifrons, Brug. Poillé, Chevillé, Asnières, Chassillé. *Ma collection.*
annulatus, Sow. Chevillé. *Ma collection.*
cornucopiæ, Young. Chevillé. *Ma collection.*
Holandrei, d'Orb. Brûlon. *Ma collection.*
communis, Sow. Brûlon. *Ma collection.*
variabilis, d'Orb. Chevillé. *Ma collection.*
— Plusieurs autres espèces non déterminées. *Ma collection.*
CHEMNITZIA, d'Orb.
Lorieri, d'Orb. Asnières. *Ma collection.*
ACTEONINA, d'Orb. Espèce indéterminée. *Ma collection.*
NATICA, Adanson.
Pelops, d'Orb, Brûlon, Chevillé. *Ma collection.*

TROCHUS, Linné.
flexuosus, Munst. Asnières. *Ma collection.*
PLEUROTOMARIA, Defrance. Plusieurs espèces non déterminées, Chevillé, Asnières. *Mà collection.*
PHOLADOMYA, Sowerby.
decorata, Hartm. Asnières. *Ma collection.*
LYONSIA, Turton.
rotundata, d'Orb. au nord-ouest de Mamers. *Collection ?*
OPIS, Defrance
Sarthensis, d'Orb. Asnières. *Ma collection.*
ISOCARDIA, Lamarck. Plusieurs espèces non déterminées, Asnières, Chevillé. *Ma collection.*
MYTILUS, Linné.
Kochii, d'Orb. Asnières. *Ma collection.*
LIMA, Bruguière.
gigantea, Desh. Poillé, Asnières, Chevillé. *Ma collection.*
Galathæa, d'Orb. Asnières, Chevillé, Chassillé. *Ma collection.*
— Plusieurs autres espèces non déterminées. Asnières, Poillé. *Ma collect.*

Il est probable que nous possédons les espèces désignées par M. d'Orbigny sous les noms de *Electra* et *Elea*; la brièveté des descriptions ne nous permet pas de les déterminer sûrement.

PECTEN, Gualtieri.
acuticosta, Lam. Chevillé, Poillé. *Ma collection.*
— Plusieurs espèces non déterminées. Asnières, Poillé, Chevillé. *Ma collection.*
PLICATULA, Lamarck.
Neptuni, d'Orb. Poillé, Chevillé , Asnières, Avoise. *Ma collection.*
OSTREA, Linné.
subauricularis, d'Orb. Asnières, Brûlon, Chevillé. *Ma collection.*
Sarthensis, d'Orb. Brûlon ? *Collection ?*
LINGULA, Bruguière.
Maulnyi, Ed. G. Espèce lisse et fort petite. Chevillé. *Ma collection.*
TEREBRATULA, Lwyd.
tetraedra, Sow, *Rhynchonella*, d'Orb. Brûlon, Asnières. *Ma collection.*
furcellata, de Buch, Asnières. *Ma collection.*
Sarthensis, d'Orb. Brûlon, Chevillé, Asnières. *Ma collection.*
Crithea, d'Orb. Brûlon, Asnières. *Ma collection.*
ORBICULOIDEA, d'Orb.
minima, Ed. G. Très petite espèce que j'ai trouvée sur l'*Ammonites cornucopiæ*. Chevillé. *Ma collection.*

CRINOIDES.

PENTACRINUS, Miller.
vulgaris, Schl. Chevillé, Asnières, Poillé. *Ma collection.*

ETAGE DE L'OOLITE INFÉRIEURE
DES GÉOLOGUES NORMANDS.

Cet étage, peut-être encore peu défini, est représenté dans la Sarthe par plusieurs gisements d'une faible épaisseur, et se trouve en contact avec l'étage Oxfordien inférieur (Guéret, Chantenay) et avec la Grande Oolite? (Conlie.) Il est à craindre que ce voisinage si rapproché, dont les limites ne sont pas toujours parfaitement tranchées, n'ait été la cause de quelques erreurs et n'ait fait rapporter à l'Oolite inférieure des espèces qui appartiennent aux autres étages. C'est pour cela que je serai encore plus réservé, s'il est possible, en n'admettant dans cette partie de mon *Répertoire* que les espèces qui sont pour moi d'une origine incontestable.

VERTÉBRÉS.

Plusieurs pièces palatiales appartenant à des animaux non déterminés. Guéret, Conlie. *Ma collection.*

MOLLUSQUES.

BELEMNITES, Lamarck. Une espèce non déterminée. *Ma collection.* Je n'ai pas eu l'occasion de voir le *B. giganteus* provenant de Mamers. Je ne possède cette espèce que de Bayeux.

AMMONITES, Bruguière.

subradiatus, Sow. Conlie. *Ma collection.*

interruptus, Brug. Conlie. *Ma collection.*

contrarius, d'Orb. Guéret. *Ma collection.*

Julii, d'Orb. Guéret *Ma collection.*

— Plusieurs espèces non déterminées. Guéret, Chantenay. *Ma collection.*

TOXOCERAS, d'Orb.

carispinus, Baugier et Sauzé, Chantenay, Guéret. *Ma collection.*

CHEMNITZIA, d'Orb.

Normaniana, d'Orb. Guéret. *Ma collection.*

— Une autre espèce non déterminée. Guéret. *Ma collection.*

ACTEONINA, d'Orb.

Sarthensis, d'Orb. Guéret. *Collection de M. Davoust.*

— Une espèce non déterminée : Deux plis très saillants sur la columelle. Ségrie. *Ma collection.*

NATICA, Adanson.

Bajocensis, d'Orb. Conlie. *Ma collection.*

Lorieri, d'Orb. Guéret. *Collection de M. Davoust.*

Pictaviensis, d'Orb. Guéret, Conlie. *Ma collection.*

NERITOPSIS, Sow. Espèce indéterminée : spire très aplatie. Guéret. *Ma collection.*

TROCUS, Linné.

Actœa, d'Orb. Conlie. *Ma collection*

duplicatus, Sow. Conlie, Guéret. *Ma collection.*

Lorieri, d'Orb. Guéret. *Ma collection.*

— Plusieurs autres espèces non déterminées. Guéret, Conlie. *Ma collection.*

SOLARIUM, Lamarck.

Desportesii, Ed. G. Coquille turriculée, lisse; ombilic large, entouré à l'orifice d'un collier de perles. Guéret. *Ma collection.*

EUOMPHALUS, Sowerby.

pulchellus, *Straparolus*, d'Orb. Conlie, Guéret. *Ma collection.*

TURBO, Linné.

Davousti, d'Orb. Guéret, Conlie. *Ma collection.*

Turbo.

ornatus? Sow. Guéret. *Ma collection.*

— Plusieurs espèces non déterminées, de Conlie et de Guéret. *Ma collection.*

PLEUROTOMARIA, Defrance.

Lorieri, d'Orb. Conlie, Guéret. *Ma collection.*

— Quatre autres espèces non déterminées. Guéret, Conlie. *Ma collection.*

PURPURINA, d'Orbigny.

pulchella, d'Orb. Conlie, Guéret. *Ma collection.*

CERITHIUM. Adanson.

contortum, Deslongch. Guéret, Conlie. *Ma collection.*

Lorieri, d'Orb. Guéret. *Ma collection.*

— Plusieurs autres espèces non déterminées. Guéret. *Ma collection.*

LUTRARIA. Lamarck.

elongata, Munst. *Panopœa subelongata,* d'Orb. Guéret. Conlie. *Ma collection.*

PHOLADOMYA, Sowerby. Deux espèces non déterminées. Guéret. *Ma collection.*

OPIS, Defrance.

similis, d'Orb. Conlie, Guéret. *Ma collection.*

Lorieriana, d'Orb. Conlie, Guéret. *Ma collection.*

Davoustiana, d'Orb. Guéret. *Collection de M. Davoust.*

lunulata, Defr. Guéret. *Ma collection.*

Thalia, d'Orb. Guéret. *Ma collection.*

— Une autre espèce non déterminée. Conlie. *Ma collection.*

ASTARTE, Sowerby.

lurida, Sow. Guéret, Conlie. *Ma collection.*

trigona, Desh. Guéret. *Ma collection.*

Thais, d'Orb. Conlie, Guéret. *Ma collection.*

— Plusieurs espèces non déterminées. Conlie, Guéret. *Ma collection.*

HIPPOPODIUM, Sowerby.

Bajocense, d'Orb. Conlie, Guéret. *Collection de M. Davoust.*

CYPRICARDIA, Lamarck.

cordiformis, Desh. Guéret, Conlie. *Ma collection.*

TRIGONIA, Bruguière.

costata, Park. Conlie, Guéret. *Ma collection.*

striata, Sow. Conlie, Guéret. *Ma collection.*

signata? Agass. Guéret. *Ma collection.*

Proserpina, d'Orb. Guéret, Conlie. *Ma collection.*

Neptuni, d'Orb. Guéret, Conlie. *Ma collection.*

— Une espèce indéterminée. Conlie. *Ma collection.*

CORBIS, Cuvier.

Davoustiana, d'Orb. Conlie, Guéret. *Ma collection.*

CARDIUM, Bruguière.

Jurense? d'Orb. Guèret. *Ma collection.*

ISOCARDIA, Lamarck.

Bajocensis, d'Orb. Conlie, Guéret. *Ma collection.*

NUCULA, Lamarck,

nucleus, Deslongch. Guéret, Conlie. *Ma collection*

Erato, d'Orb, Conlie. *Ma collection.*

LIMOPSIS, Sassy.
Loreriana, d'Orb. Gueret. *Ma collection.*
Gaudryna, d'Orb. Conlie. *Ma collection.*
ARCA, Linné.
Danae, d'Orb. Conlie, Guéret. *Ma collection.*
Daphne, d'Orb. Conlie, Guéret. *Ma collection.*
Della, d'Orb. Conlie, Guéret. *Ma collection.*
Delila, d'Orb. Conlie, Guéret. *Ma collection.*
Loreriana? Guéret. *Ma collection.*
— Plusieurs espèces non déterminées. Guéret. *Ma collection.*
MYOCONCHA. Sowerby.
cylindrica, Ed. G. Belle espèce, longue de 9 centimètres, large de 3 ; ornée de nombreuses stries d'accroissement ; ressemble au *Mytilus sulcatus*, Goldf., mais ne s'élargit pas comme lui à la partie inférieure. Conlie. *Ma collection.*
MYTILUS, Linné.
reniformis, d'Orb. *Modiola*, Sow. Conlie. Guéret. *Ma collection.*
— deux espèces non déterminées, Gueret. Conlie. *Ma collection.*
LIMA, Bruguière.
proboscidea, Sow. Conlie. *Ma collection.*
— cinq espèces non déterminées, Guéret, Conlie. *Ma collection.*
POSIDONOMYA, Broon, espèce non déterminée. Guéret. *Ma collection.*
AVICULA, Klein.
Digitata, Deslongch. Conlie. *Ma collection.*
GERVILIA, Defrance. Espèce non déterminée. Guéret, Conlie. *Ma collection.*
PECTEN, Gualtieri.
Hedonia, d'Orb. Conlie, Guéret *Ma collection.*
Silenus? d'Orb. Conlie, *Ma collection.*
— Plusieurs espèces non déterminées. Guéret, Conlie. *Ma collection.*
PLICATULA, Lamarck.
ampla, d'Orb. Conlie, Guéret. *Ma collection.*
OSTREA, Linné.
sulcifera, Phill. Guéret. *Ma collection.*
Kunkeli, Zieten. Guéret. *Ma collection.*
TEREBRATULA, Lwyd.
plicatella, Sow., *Rhynchonella*, d'Orb. Conlie. *Ma collection.*
costata, *Hemithyris*, d'Orb. Guéret. *Ma collection.*
sphæroidalis, Sow. Conlie, Guéret. *Ma collection.*
Garantiana, d'Orb. Conlie, Guéret, *Ma collection.*

BRYOZOAIRES.

DIASTOPORA, Milne Edwards.
scobinula, Michelin, Guéret. *Collection ?*
incrustans, d'Orb. Guéret, Conlie, *Ma collection.*
BIDIASTOPORA, d'Orbigny.
meandrina, d'Orb. Conlie. *Ma collection.*
ENTALOPORA, Lamouroux.
sarthensis, d'Orb. Guéret. *Ma collection.*

ECHINODERMES.

Oursins entiers, plaques, baguettes et machoire appartenant à des genres et à des espèces non déterminées. Guéret, Conlie, Chantenay. *Ma collection.*

CÆLASTER, Agassiz.

Mandelslohi, d'Orb. articulations isolées. Guéret, Conlie. *Ma collection.*

PENTACRINUS, Miller.

inornatus, d'Orb. Guéret. *Ma collection.*

ZOOPHYTES.

AXOSMILIA, Milne Edwards et J. Haime.

extintorium, Miln. Edw. et H. Conlie, Guéret. *Ma collection.*

MONTLIVALTIA, Lamouroux.

infundibulum, d'Orb. Guéret. *Ma collection.*

convexa, d'Orb. Guéret. *Ma collection.*

THECOPHYLLIA, Milne Edwards et J. Haime.

Sarthensis, d'Orb. Guéret, Conlie. *Ma collection.*

AMORPHOZAIRES.

Plusieurs genres et espèces non déterminées. Guéret. *Ma collection.*

Observation. La plupart des espèces que je signale comme indéterminées sont certainement comprises dans le *Prodrome de paléontologie universelle;* mais la brièveté des descriptions, pour les espèces nouvelles, ne m'a pas toujours permis de reconnaître suffisamment les caractères qui auraient pu servir à nommer mes échantillons; et, pour ce qui regarde les espèces déjà connues, je n'ai pas eu à ma disposition assez de moyens de comparaison et de vérification pour prendre, dans certains cas, un parti définitif. Je m'appliquerai à faire disparaître toutes ces hésitations dans mon *Catalogue* dont cet opuscule n'est que l'ébauche.

ÉTAGE DE LA GRANDE OOLITE.

Je ne peux rapporter à cet étage trop négligé de nos paléontologistes manceaux, que quelques espèces non déterminées, recueillies par moi à Conlie, à Bourg-le-Roi, à Parcé, à Chantenay, etc.; j'y joindrai les belles fougères et autres végétaux observés à Mamers par M. Jules Desnoyers, décrits en 1825 dans les *Annales des sciences naturelles*, et déterminés depuis par M. Ad. Brongniart avec l'exactitude que comporte l'état actuel de nos connaissances.

MOLLUSQUES.

AMMONITES, Bruguière.

bullatus, Parcé, Beaumont, Chantenay. *Ma collection.*

NERINEA, Defrance. Deux espèces non déterminées; une espèce de Conlie, l'autre de Bourg-le-Roi. *Ma collection.*

PHOLADOMYA, Sow. Une espèce non déterminée. Conlie. *Ma collection.*

CARDIUM, Bruguière. Une espèce, à côtes transversales, non déterminée. Bour-le-Roi. *Ma collection.*

ISOCARDIA, Lamarck. Une espèce non déterminée. Bourg-le-Roi. *Ma collection.*

MYTILUS, Linné. Deux espèces non déterminées; une de Conlie, l'au de Bourg-le-Roi. *Ma collection.*

AVICULA, Klein. Une espèce non déterminée. Conlie. *Ma collection.*

GERVILIA, Defrance. Une espèce non déterminée. Conlie. *Ma collectio*

TEREBRATULA, Lwyd. Une espèce épineuse, non déterminée. Chemi le-Gaudin. *Ma collection.*

— Une autre espèce à deux plis. Bourg-le-Roi. *Ma collection.*

ECHINODERMES.

PIGASTER, Agassiz.

pileus, Agass. Conlie. *Ma collection.*

NUCLEOLITES, Lamarck.

Sarthensis, d'Orb. Conlie. *Ma collection.*

VÉGÉTAUX.

PECOPTERIS, Brongniart.

Desnoyersii, Brongniart. Mamers. *Collection ?*. Le *Musée du Mans* po sède une espèce qui a de grands rapports avec celle-ci. Localité : Sain Pater.

Reglei, Brong. Mamers. *Collection?*

OTOZAMITES, Fr. Braun.

Bucklandi, Fr. Braun. Mamers. *Collection ?*

Bechii, Fr. Braun. Mamers. *Collection?*

lagotis, Brong. Mamers. *Collection?*

hastatus, Brong. Mamers. *Collection?*

microphylla, Br. *Alençon* (*Orne*). *Collection ?*

— Une espèce indéterminée, de la famille des Cycadées. Localité incon nue. *Musée du Mans.*

ÉTAGE OXFORDIEN INFÉRIEUR.

VERTÉBRÉS.

Plusieurs vertèbres et autres pièces osseuses non déterminées.

CRUSTACÉS.

PALINURUS, Fabricius.

squammifer, E. Deslongch. *Sainte-Scolasse* (*Orne*). *Ma collection.*

longe brachiatus, E. Deslongch. *Sainte-Scolasse* (*Orne*). Saint-Marceau *Ma collection.*

MOLLUSQUES.

BELEMNITES, Lamarck.

hastatus, Blainv. Ecommoy, *Ma collection.*

— Une très grosse espèce dont on ne trouve que les cloisons. Chaufour. *Ma collection.*

NAUTILUS, Breynius.

Julii, Baugier. Chaufour. *Ma collection.*

AMMONITES, Bruguière.

macrocephalus, Schloth. Domfront-en-Champagne. *Ma collection.*

Backeriæ, Sow. Beaumont. *Ma collection.*

Ammonites.
coronatus, Brug. Marolles. *Ma collection.*
hecticus, Hartm. Chaufour. *Ma collection.*
modiolaris, Lwyd. Chaufour. *Ma collection.*
anceps, Reinecke. Chaufour. *Ma collection.*
Jason, Zieten. Chaufour. *Ma collection.*
refractus, Haan. Saint-Pierre-des-Bois. *Ma collection.*
MELANIA, Lamarck.
striata, Sow. *Phasianella.* d'Or. Chaufour. *Ma collection.*
NATICA, Adanson. Espèces non déterminées. Chaufour, *Ma collection.*
PLEUROTOMARIA, Defrance. Une espèce non déterminée. Chaufour. *Ma collection.*
PTEROCERA, Lamarck.
Aspasia? d'Orb. Chaufour. *Ma collection.*
striata, Ed. G. Tours de spire anguleux, ornés de stries longitudinales. Chaufour. *Ma collection.*
— Une autre espèce non déterminée. Chaufour. *Ma collection.*
HELCION, Montfort.
capuloides, Ed. G. Coquille conique, à sommet incliné, ornée très irrégulièrement de côtes circulaires. Chaufour. *Ma collection*, *Musée du Mans.*
BULLA, Lamarck.
Lorieri, d'Orb. Chaufour. *Ma collection.*
— Une autre espèce plus allongée. Chaufour. *Musée du Mans.*
PANOPÆA, Menard de la Groye.
Brongniartiana, d'Orb., *Lutraria Aldouini*, Goldf. Saint-Marceau. *Ma collection.*
— Plusieurs espèces non déterminées. Chaufour. *Ma collection.*
PHOLADOMYA, Sowerby.
inflata, des géologues manceaux. — *Ambigua ?* Goldf. — *non* Sow. — *Trigonia inflata*, Lamarck. Chaufour, Parcé, Saint-Marceau, Beaumont, Assé-le-Riboul, etc. *Ma collection.*
carinata, Goldf. *Trigonia inflata*, *v. b.* Lamarck. Chaufour. *Ma collection.*
trapezicosta, d'Orb. *Lysianassa ornata*, Goldf. Chaufour. *Ma collection.*
— Plusieurs espèces non déterminées, Chaufour, Domfront, etc. *Ma collection.*
TRIGONIA, Bruguière.
elongata, Sow. Chaufour, Domfront. *Ma collection.*
— Une espèce, à l'état de moule, non déterminée. Chaufour. *Ma collection.*
CYPRINA? Lamarck.
angulata, Ed. G. A l'état de moule ; impressions musculaires fortement marquées ; un angle presque caréné part du crochet et se rend jusqu'à la base de la région anale ; région buccale arrondie. Chaufour, Chemiré-le-Gaudin. *Ma collection.*
CARDIUM, Bruguière.
Telluris, Lamarck. Chaufour, Saint-Marceau, Assé-le-Riboul. *Ma collection.*
ISOCARDIA, Lamarck.
orbicularis, Roemer, Chaufour, Beaumont. *Ma collection.*
excentrica, Voltz. *Ceromya exc.* d'Orb. Chaufour, Conlie. *Ma collection.* *Appartient certainement à l'Oxfordien inférieur, au moins dans le dé-*

Isocardia.

partement de la Sarthe ; on l'y rencontre avec tous les fossiles qui caractérisent cet étage.

striata, d'Orb. *in Goldf. Tab. CXL, fig.* 4. Saint-Marceau. *Ma collection.*

ovalis, Ed. G. A l'état de moule ; oblongue, ornée de lignes transverses et de stries d'accroissement circulaires ; crochets en spirale, très saillants. Assé-le-Riboul. *Ma collection.*

Bazochiana, Defrance. Beaumont. *Musée du Mans.*

— Espèces non déterminées, Chaufour, Domfront, etc. *Ma collection.*

NUCULA, Lamarck. Une petite espèce oblongue, à l'état de moule, Saint-Marceau. *Ma collection.*

PINNA, Linné.

ampla, Sowerby. Chaufour, Beaumont. *Ma collection.*

subquadrivalvis, Lamarck. Chaufour. *Ma collection.*

— Une espèce conique, arrondie, courte, indéterminée. Beaumont. *Ma collection.*

MYTILUS, Linné.

solenoides, d'Orb. *Modiola,* Lamk. Chaufour. *Ma collection.*

gibbosus, d'Orb. *Modiola,* Sow. Chaufour, Domfront, etc. *Ma collection.*

LIMA, Bruguière.

duplicata, Sow. Chaufour, Assé-le-Riboul. *Ma collection.*

obscura, d'Orb. *Plagiostoma,* Sow. Chaufour, Assé-le-Riboul. *Ma collect.*

proboscidea, Sow. Chaufour. Saint-Marceau. *Ma collection.*

subgibbosa, Ed. G. espèce voisine du *gibbosa,* Desh. Chaufour, Parcé. *Ma collection.*

AVICULA, Klein.

inæquivalvis, Sow. Chaufour, Saint-Marceau, Domfront. *Ma collection.*

— Espèces non déterminées. Saint-Marceau, Assé-le-Riboul. *Ma collect.*

GERVILIA, Defrance.

aviculoides, Sow. Domfront. Saint-Marceau. *Ma collection.*

PERNA, Bruguière.

Bachelieri, *Sainte-Scolasse (Orne). Musée du Mans.*

PECTEN, Gualtieri.

discors, Lamarck. *fibrosus,* Sow. Chaufour, Domfront. *Ma collection.*

Lens, Sow. Domfront. *Collection de M. Davoust.*

— Espèces non déterminées. Chaufour, Beaumont, Assé. *Ma collection.*

PLICATULA, Lamarck.

peregrina, d'Orb. Chaufour, Saint-Marceau, Assé-le-Riboul. *Ma collect.*

OSTREA, Linné.

dilatata, Deshayes. *Ste-Scolasse (Orne). Musée du Mans.* Parcé. *Ma collect.*

Marshii, Sow. *Ost. flabelloides,* Lamk. Parcé. *Ma collection ;* Pizieux. *Musée du Mans.*

gregaria, Sow. *Ost. Pennaria?* Lamk. Domfront, Chaufour. *Ma collection.*

obliqua, Lamk. Assé-le-Riboul, Domfront, Saint-Marceau. *Ma collection.*

colubrina, Lamk. *Ost. Amor.* d'Orb. Chaufour, Domfront. *Ma collection.*

TEREBRATULA, Lwyd.

umbonella, Lamk. Montigny. *Musée du Mans.*

depressa ?, Lamk. Domfront, Saint-Marceau, etc. *Ma collection.*

digona, Sow., Lamk. Domfront. Chaufour. *Ma collection.*

semiglobosa, Sow., Lamk. Domfront. *Ma collection.*

punctata, Sow., Lamk. Domfront. *Ma collection.*

Terebratula.

Leufroyi, Ed. G. Lisse assez grosse, marquée de trois plis profonds, lobe du milieu très allongé. Parcé. *Collection de M. Davoust et la mienne.*

spathica, Lamk. Chaufour, Domfront, Conlie, etc. *Ma collection.*

reticulata, Smith, Sow. Chaufour, Domfront, etc. *Ma collection.*

— Quelques espèces non déterminées. Chaufour, Domfront, etc. *Ma collection.*

BRYOZOAIRES.

ALECTO, Lamouroux.

— Espèce non déterminée, peut-être le *Calloviensis,* d'Orb. Beaumont, sur une térébratule. *Ma collection.*

ECHINODERMES.

DYSASTER, Agassiz.

bicordatus, Agass., *Ananchytes bicordata,* Lamk. Chaufour, Coulans, Domfront, etc. *Ma collection.*

Eudesii, Parcé, *Ma collection.*

PIGURUS, Agassiz.

depressus, Agass. Chaufour. *Ma collection.*

CLYPEUS, Klein.

patella, Agass. Chaufour. *Ma collection.*

HYBOCLYPUS, Agassiz.

gibberulus, Agass. Chemiré-le-Gaudin, Vallon. *Ma collection.*

NUCLEOLITES, Lamarck.

clunicularis, Agass. Localité perdue, mais certainement de la Sarthe. *Ma collection.*

elongatus, Agass. Localité? *Musée du Mans.*

HOLECTYPUS, Agassiz.

depressus, Agass, *Galerites,* Lam. Chaufour. *Ma collection.* On retrouve cet Oursin jusque dans l'Oolite inférieure de Conlie et de Guéret.

hemisphæricus, Agass.? Pizieux. *Musée du Mans.*

ECHINUS, Linné.

excavatus, Leske. Chemiré-le-Gaudin. *Ma collection.*

Caumonti, Desor. Pizieux. *Musée du Mans.*

PEDINA, Agassiz.

Gervillei, Agass. Chaufour. *Ma collection.*

— Plusieurs autres Oursins non déterminés. *Ma collection.*

MILLERICRINUS, d'Orbigny.

rotiformis, d'Orb. *Sainte-Scolasse (Orne). Ma collection.*

Bachelieri, d'Orb. *Sainte-Scolasse (Orne). Ma collection.*

ZOOPHYTES.

MONTLIVALTIA, Lamouroux.

Regularis?, d'Orb. Chaufour, Beaumont, Saint-Marceau. *Ma collection.*

ETAGE OXFORDIEN SUPÉRIEUR.

Cet étage, fort peu développé dans la Sarthe, n'a pas encore été suffisamment étudié sous le rapport paléontologique. Les seules espèces que je cite proviennent de déterminations faites par M. d'Orbigny sur des échantillons trouvés à Aubigné par M. Triger et remis par M. de Verneuil.

MOLLUSQUES.

PLEUROTOMARIA, Defrance.
Munsteri, Roemer. Aubigné. *Collection de M. Triger.*
PHOLADOMYA, Sow.
decemcostata, Roemer. Aubigné. *Collection de M. Triger.*
ASTARTE, Sowerby.
Panopæ, d'Orb. Aubigné. *Collection de M. Triger.*
TRIGONIA, Bruguière.
clavellata, Parkinson. Aubigné. *Collection de M. Triger.*
AVICULA, Klein.
polyodon, Burvignier. Aubigné. *Collection de M. Triger.*
PERNA, Bruguière.
mithyloides, Lamk. Aubigné. *Collection de M. Triger.*
PECTEN, Gualtieri.
subarmatus, Munst. Goldf. Aubigné. *Collection de M. Triger.*
PLICATULA, Lamarck.
tubifera, Lamk. Aubigné. *Collection de M Triger.*
OSTREA, Linné.
dilatata??, Deshayes. Aubigné. *Collection de M. Triger.* Variété complètement aplatie, ayant les plus grands rapports avec l'*Ost. deltoidea*, et s'éloignant assez de l'*Ost. dilatata* pour mériter, à mon avis, de faire espèce.
gregaria, Sow. Aubigné. *Collection de M. Triger.*
TEREBRATULA, Lwyd.
senticosa, Schloth. *Hemithiris*, d'Orb. Aubigné. *Collection de M. Triger.*
insignis, Schubler. Aubigné, Ecommoy. *Collection de M. Triger.*

ECHINODERMES.

DIADEMA, Gray.
priscum, Agass. Aubigné. *Collection de M. Triger.*
MILLERICRINUS, d'Orbigny.
ornatus, d'orb. Aubigné. *Collection de M. Triger.*

ETAGE DU CORAL-RAG.

Je n'ai encore que peu de renseignements paléontologiques sur cet étage qui, pourtant, est plus développé dans la Sarthe que le précédent. Une seule localité m'est connue directement pour l'avoir visitée, et encore cette visite a été trop rapide ; aussi ai-je laissé ma récolte sans déterminations en attendant que je puisse la compléter, ce que je me propose de faire à l'occasion de mon *Catalogue*. Ceci expliquera le petit nombre de fossiles que je signale et l'absence de déterminations spécifiques.

MOLLUSQUES.

AMMONITES, Brug.
Achilles?, d'Orb. Saint-Bié-en-Belin, près Ecommoy. *Ma collection.*
— Une autre espèce non déterminée. Saint-Bié. *Ma collection.*

MELANIA, Lamarck.

— Espèce très voisine du *Mel. striata*, Sow. Diffère surtout par le dernier tour de spire qui, au lieu d'être arrondi, est légèrement anguleux. Ecommoy. *Ma collection.*

NERINEA, Defrance. Espèces non déterminées provenant de la Ferté-Bernard. *Ma collection.*

NATICA, Adanson. Espèces non déterminées. Ecommoy. *Ma collection.*

PANOPÆA, Menard de la Groye. Plusieurs espèces non déterminées. Ecommoy. *Ma collection.*

PHOLADOMYA, Sowerby. Plusieurs espèces non déterminées. Ecommoy. *Ma collection.*

GASTROCHÆNA, Splenger. Une espèce indéterminée. Ecommoy. *Ma collection.*

OPIS, Defrance.

Cotteausia?, d'Orb. Ecommoy. *Ma collection.*

TRIGONIA, Bruguière. Une espèce non déterminée. Ecommoy. *Ma collection.*

ISOCARDIA, Lamarck.

parvula?, Roemer. Ecommoy. *Ma collection.*

CARDIUM, Bruguière. Une petite espèce non déterminée. Ecommoy. *Ma collection.*

NUCULA, Lamarck. Une espèce non déterminée. Ecommoy. *Ma collection.*

MYOCONCHA, Sowerby.

compressa, d'Orb. Ecommoy. *Ma collection.*

— Une espèce cylindro-conique. Ecommoy. *Ma collection.*

— Une autre espèce arquée. Ecommoy. *Ma collection.*

MYTILUS, Linné. Une espèce non déterminée. Ecommoy. *Ma collection.*

LITHODOMUS, Cuvier. Plusieurs espèces non déterminées. Ecommoy. *Ma collection.*

LIMA, Bruguière.

corallina? d'Orb. Ecommoy. *Ma collection.*

PERNA, Bruguière.

corallina, d'Orb. La Ferté-Bernard, Ecommoy. *Ma collection.*

PINNIGENA, Deluc.

Saussurii?, d'Orb. Ecommoy. *Ma collection.*

PECTEN, Gualtieri. Trois espèces non déterminées. Ecommoy. *Ma collection.*

DICERAS, Lamarck.

arietina, Lamarck. La Ferté-Bernard. *Ma collection.*

OSTREA, Linné. Plusieurs espèces non déterminées. Ecommoy. *Ma collection.*

TEREBRATULA, Lwyd. Six espèces non déterminées, parmi lesquelles se trouve un magnifique échantillon laissant voir les supports des bras dans un état d'intégrité parfaite. Ecommoy. *Ma collection.*

CRANIA, Retzius. Une espèce non déterminée. Ecommoy. *Ma collection.*

ÉCHINODERMES.

— Plusieurs espèces d'Oursins non déterminées. Ecommoy. *Ma collection.*

MILLERICRINUS, d'Orbigny.

Goupilianus, d'Orb. Ecommoy. *Ma collection.*

Millericrinus.

Radisensis?, d'Orb. Ecommoy. *Ma collection.*

— Un grand nombre de pièces de crinoides appartenant à des espèces non déterminées. Ecommoy. *Ma collection.*

ZOOPHYTES.

— Echantillons appartenant à des genres et à des espèces non déterminées. Ecommoy. *Ma collection.*

LES ÉTAGES DE KIMMERIDGE et DE PORTLAND ne sont pas connus dans le département de la Sarthe.

TERRAIN CRÉTACÉ.

L'ÉTAGE NÉOCOMIEN et l'ÉTAGE DU GAULT n'ont pas encore été observés dans le département de la Sarthe.

ÉTAGE DU GRÈS VERT.

VERTÉBRÉS.

Des dents, des vertèbres et différentes pièces osseuses non déterminées. Le Mans, Sainte-Croix, etc. *Ma collection.*

CRUSTACÉS.

Des pinces et des carapaces non déterminées. Le Mans, Sainte-Croix, Saint-Calais, etc. *Ma collection.*

MOLLUSQUES.

BELEMNITELLA, d'Orbigny.

vera, d'Orb. Le seul exemplaire, trouvé à Sainte-Cerotte, par M. l'abbé Gallienne, curé de cette paroisse, est dans la *collection de M. d'Orbigny.*

NAUTILUS, Breynius.

alternatus, Ed. G., *N. triangularis? d'Orb. Angulithes?* Montfort. Chaque tour de spire est constamment moitié anguleux et moitié arrondi, tandis que l'espèce figurée par M. d'Orbigny est anguleuse dans tout son pourtour. Le Mans, Sainte-Croix. *Ma collection.*

Clementinus?, d'Orb. Je ne mets le signe de doute que parce que l'individu que je signale a été trouvé dans le grès vert, tandis que le type de M. d'Orbigny appartient au Gault ; sauf cette remarque l'identité me semble parfaite. Sainte-Croix. *Ma collection.*

radiatus, Sow., *subradiatus,* d'Orb. La Ferté-Bernard. *Ma collection.*

Largilliertianus, d'Orb. Sainte-Croix, Coudrecieux. *Ma collection.*

CERATITES, Haan.

Vibrayeanus, d'Orb. Tuffé. *Collection de M. Guibet.*

AMMONITES, Bruguière.
Largillierttanus, d'Orb. Le Mans. *Ma collection.*
Mantelli, Sow. Saint-Calais. Sainte-Croix. *Ma collection.*
Rothomagensis, Lamarck. Sainte-Croix, Yvré-l'Évêque. *Ma collection.*
navicularis, Sow. Le Mans, Sainte-Croix. *Ma collection.*
Cenomanensis, d'Orb. Sainte-Croix. *Ma collection.*
Diartianus, d'Orb. Saint-Calais. *Collection?*
Geslinianus, d'Orb. Berfay. *Ma collection.*
obliquatus, Ed. G., diffère de *l'A. Mantelli* par les tours de spire qui s'enroulent un peu obliquement. Le Mans, Sainte-Croix. *Ma collection.*
varians, Sow. Coudrecieux, Le Mans? *Ma collection.*
— Quatre espèces indéterminées. Le Mans, la Trugale, Changé. *Ma coll.*
SCAPHITES, Parkinson.
æqualis, Sow. Le Mans, Sainte-Croix. *Ma collection.*
Rochatianus, d'Orb. Sainte-Croix. *Ma collection.*
— Une espèce indéterminée. Tours de spire moins embrassants et un peu plus comprimés que dans le *Scaphites æqualis*, sans tubercules. Ste-Croix. *Ma collection.*
BACULITES, Lamarck.
baculoides?, d'Orb. Le seul exemplaire trouvé au Mans est, je crois, dans la *collection de M. Goupil.*
HAMITES, Parkinson.
simplex, d'Orb. *compressus?* Sow. Un fragment. Ste-Croix. *Ma collection.*
TURRILITES, Lamarck.
tuberculatus, Bosc. La Ferté-Bernard, Chéré. *Ma collection.*
costatus, Lamk. Le Mans, Sainte-Croix. *Ma collection.*
Scheuchzerianus, Bosc. Localité? *Ma collection.*
— Une espèce non déterminée. Localité? *Ma collection.*
RHYNCHOLITES, Faure-biguet.
cretacea, Ed. G. Bec de Cephalopode? Coulaines. *Ma collection.* Petite pièce masticatoire parfaitement conservée.
SCALARIA, Lamarck.
Guerangeri, d'Orb. Espèce non encore figurée et que je me propose de faire dessiner pour mon *Catalogue.* Sainte-Croix. *Ma collection.*
TURRITELLA, Lamarck.
Goupiliana, d'Orb. *Non figurée.* Sainte-Croix. *Ma collection.*
Guerangeri, d'Orb. *Non figurée.* Sainte-Croix. *Ma collection.*
Cenomanensis, d'Orb. *Non figurée.* Yvré-l'Evêque, la Trugale. *Ma collect.*
Sarthensis, Ed. G. Tours de spire aplatis, coquille régulièrement conique, ornée de côtes aiguës peu élevées, dans l'intervalle desquelles on aperçoit à la loupe des stries assez nombreuses. Sainte-Croix. *Ma collection.*
ornata, d'Orb. *Non figurée.* Sainte-Croix. *Ma collection.*
acicula, Ed. G. Très aiguë, sutures peu marquées. Le Mans. *Ma collection.*
gracilis, Ed. G. sutures profondes ornées de stries. Petite espèce à angle très aigu. Le Mans, Sainte-Croix. *Ma collection.*
alternata, Ed. G. Tours de spire ornés de côtes alternativement élevées et abaissées, huit sur chaque tour. Le Mans. *Ma collection.*
— Plusieurs espèces non déterminées. Le Mans. Sainte-Croix. *Ma collect.*
RISSOINA, d'Orbigny.
Cenomanensis, Ed. G. Le dernier tour de spire fait à peu près le tiers de

la coquille, bouche sinueuse garnie dans tout son contour d'un bourrelet saillant. Le Mans, Sainte-Croix. *Ma collection.*

CHEMNITZIA ? d'Orb. — Deux espèces non déterminées. Le Mans. *Ma collection.*

NERINEA, Defrance.

monilifera, d'Orb. Le Mans. *Ma collection.*

— Deux espèces non déterminées. Sainte-Croix. *Ma collection.*

PYRAMIDELLA, Lamarck,

canaliculata ? d'Orb. Yvré-l'Evêque? *Collection de M. Davoust.*

Orbignyi, Ed. G. Coquille ovale, conique, ornée de stries circulaires. Trois dents rapprochées sur la columelle. Coulaines. *Ma collection.*

ACTEON, Montfort.

inornatus, Ed. G. coquille ovale, ouverture allongée, sans plis sur la columelle. Le Mans. *Ma collection.*

bullatus, Ed. G. coquille globuleuse, lisse, ayant des plis sur la columelle. Coulaines. *Ma collection.*

VOLVARIA, Lamarck.

cretacea, Ed. G. petite espèce ; ouverture de la bouche très étroite, trois plis réguliers et obliques sur la columelle. Le Mans. *Ma collection.*

AVELLANA, d'Orb.

Cenomanensis, Ed. G. Diffère de l'*Avell. Cassis*, d'Orb., par des côtes circulaires plus larges et plus rapprochées. Le Mans, Ste-Croix. *Ma collect.*

elongata, Ed. G. Coquille plus allongée que la précédente, spire moins enveloppée par le dernier tour, bourrelet du bord droit plus épais, labre plus fortement denté. Le Mans. *Ma collection.*

minima, Ed. G. Coquille très petite, spire bien dégagée. Le Mans. *Ma collection.*

RINGICULA, Deshayes.

Deshayesii, Ed. G. Spire aiguë, bouche entourée d'un fort bourrelet e' munie d'un canal, un pli sur la columelle. Le Mans. *Ma collection*

GLOBICONCHA, d'Orbigny.

rotundata, d'Orb. Le Mans, Yvré-l'Evêque, Saint-Georges. *Ma collection.*

VARIGERA, d'Orbigny.

Guerangeri, d'Orb. *Pterodonta id.* d'Orb. La Trugale. *Ma collection.*

PTERODONTA, d'Orbigny.

inflata, d'Orb. Le Mans, Yvré-l'Evêque, Coulaines. *Ma collection.*

NATICA, Adanson.

tuberculata, d'Orb. Le Mans. *Ma collection.*

acuta, Ed. G. Coquille globuleuse, extrémité de la spire très aiguë. Coulaines. *Ma collection.*

rotundata, d'Orb. Le Mans, Sainte-Croix. *Ma collection.*

Varusensis ?, d'Orb. Le Mans, Coulaines. *Ma collection.*

— Trois espèces non déterminées. Le Mans, Sainte-Croix. *Ma collection.*

SIGARETUS ?, Adanson.

bicarinatus, Ed. G. Le Mans, Coulaines. *Ma collection.* C'est avec hésitation que je rapporte cette coquille au genre Sigaret. La bande qui se trouve entre les deux carènes m'avait fait songer d'abord au genre Pleurotomaire, mais cette bande n'offre aucune apparence de stries d'accroissement ; de plus, l'ampleur du dernier tour de spire semble confirmer ma dernière détermination.

NERITA, Linné.

Cenomanensis, Ed. G. Coquille globuleuse ornée de dessins en zig-zag encore visibles sur plusieurs exemplaires. Le Mans, Coulaines, Sainte-Croix. *Ma collection.*

NERITOPSIS, Sowerby.

pulchella, d'Orb. Sainte-Croix. *Ma collection.*

PILEOLUS, Sowerby.

cretaceus, d'Orbigny. Saint-Calais. *Collection ?*

Droueti, Ed. G. Coquille couverte de stries rayonnantes, sommet incliné en avant. Le Mans. *Ma collection.*

Cenomanensis, Ed. G. Petite espèce lisse, bords de l'ouverture repliés des deux côtés pour former un canal. Cette forme singulière me semblerait capable de caractériser un genre si elle se reproduisait sur plusieurs espèces. Le Mans. *Ma collection.*

TROCHUS, Linné.

Sarthensis, d'Orb. Sainte-Croix, le Mans. *Ma collection.*

Marçaisi, d'Orb. Sainte-Croix. *Ma collection.*

Guerangeri, d'Orb. Sainte-Croix. *Ma collection.*

scalaris, Ed. G. Tours de spire carenés et saillants, ornés de stries circulaires granuleuses. Yvré-l'Evêque. *Ma collection.*

— Trois espèces non déterminées. Le Mans, Ste-Croix, Yvré. *Ma collect.*

PITONELLUS, Montfort. *Rotella*, Lamarck.

Archiacianus, d'Orb. *Rotella* , d'Orb. Le Mans, Coulaines. *Ma collect.*

tuberculatus, Ed. G Cette petite coquille tuberculeuse a beaucoup de rapport avec la précédente. Le Mans. *Ma collection.*

SOLARIUM, Lamarck.

Michelini, Ed. G. Sainte-Croix. *Ma collection.* Petite coquille trochiforme, ombilic profond entouré de tubercules.

HELICOCRYPTUS, d'Orbigny.

radiatus, d'Orb. *Planorbis radiatus?* Sow. La figure de Sowerby laisse du doute en raison des granulations indiquées qui n'existent pas sur notre espèce. Le Mans. *Ma collection*

ornatus, Ed. G. Espèce plus grande ; les stries rayonnantes sont coupées par des lignes circulaires qui sont plus profondes sur le dos de la coquille. Coulaines. *Ma collection.*

DELPHINULA, Lamarck.

scalaris, Ed. G. *Solarium scalare*, d'Orb. Décrit et figuré sur un échantillon très incomplet. Coulaines. *Ma collection*,

tuberculata, Ed. G. Espèce ornée de stries granuleuses ; tours de spire couronnés de tubercules. Yvré-l'Evêque. *Ma collection.*

STRAPAROLUS, Montfort. *Evomphalus*, Sowerby.

Guerangeri, d'Orb. *solarium Guerangeri*, d'Orb. Ste-Croix. *Ma collect.*

TURBO, Linné.

Goupilianus, d'Orb. Sainte-Croix. *Ma collection.*

Guerangeri, d'Orb. Sainte-Croix. *Ma collection.*

bicultratus, d'Orb. Sainte-Croix. *Ma collection.*

Octavius, d'Orb. *T. tricostatus*, d'Orb. — *non* Deshayes. Sainte-Croix. *Ma collection.*

cretaceus, d'Orb. Sainte-Croix. *Ma collection.*

Geslini, d'Orb. *T. obtusus*, d'Orb. — *non* Gmelin. Ste-Croix. *Ma collect.*

Turbo.

Lorieri, d'Orb. Sainte-Croix, Coulaines, Yvré. *Ma collection.*

— Plusieurs espèces non déterminées. Yvré, Sainte-Croix. *Ma collection.*

Opercules figurés dans la *Paléontologie française*, pl. 186-186 *bis.* Sainte-Croix. *Ma collection.*

PLEUROTOMARIA, Defrance.

Lahayesi, d'Orb. Sainte-Croix, la Trugale. *Ma collection.*

Mailleana, d'Orb. Sainte-Croix. *Ma collection.*

Guerangeri, d'Orb. Sainte-Croix. *Ma collection.*

Neptuni?, d'Orb. La Trugale. *Ma collection.*

sinuosa, Ed. G. Lignes sinueuses rayonnantes qui partent de l'ombilic, recouvrent la partie inférieure et se répandent jusqu'à l'échancrure sur le dernier tour de spire ; elles sont coupées par des stries circulaires plus fines. Sainte-Croix. *Ma collection.*

globosa, Ed. G. Coquille globuleuse dans son ensemble. La Trugale. *Ma collection.*

eximia, Ed. G. Très petite espèce comprimée, ornée de stries réticulées. Yvré–l'Évêque *Ma collection.*

Cenomanensis, Ed. G. Espèce remarquable par une gorge assez profonde imprimée sur les tours de spire. Sainte-Croix. *Ma collection.*

— Plusieurs autres espèces non déterminées. Sainte-Croix, Le Mans, Yvré. *Ma collection.*

CONUS?, Linn.

Cenomanensis, Ed. G. Deux échantillons en très mauvais état. Sainte-Croix. *Ma collection.*

VOLUTA, Linné.

Guerangeri, d'Orb. Le Mans, Sainte-Croix. *Ma collection.*

elongata, d'Orb. Sainte-Croix. *Ma collection.*

gibbosa, Ed. G. Spire gibbeuse, dernier tour faisant environ les deux tiers de la coquille. Le Mans. *Ma collection.*

æquata, Ed. G. Spire de même longueur que le dernier tour, coquille costulée. Le Mans. *Ma collection.*

Desportesii, Ed. G. Côtes aiguës et saillantes imitant celles de certaines Scalaires. Le Mans. *Ma collection.*

— Espèces non déterminées. Le Mans, Ste-Croix, Ballon. *Ma collect.*

MITRA, Lamarck.

Cenomanensis, Ed. G. Espèce fusiforme costulée. Sainte-Croix. *Ma collection.*

gracilis, Ed G. ressemble beaucoup à la précédente dont elle diffère par les sutures moins profondes. Coulaines. *Ma collection.*

PTEROCERA, Lamarck.

incerta, d'Orb. *Strombus incert.* d'Orb. Je possède un exemplaire avec les digitations. Le Mans, Sainte–Croix. *Ma collection.*

On trouve des individus plus petits dont les tours de spire sont carénés ; serait-ce le jeune âge, ou une espèce particulière? Le Mans. *Ma collection.*

Verneuili, d'Orb. Le Mans. *Collection de M. de Verneuil.* Je possède une mauvaise empreinte de cette charmante espèce.

membranacea, Ed. G. Coquille tout entière enveloppée d'une aile membraneuse marquée de quatre nervures en saillie. Coulaines. *Ma collection.*

ROSTELLARIA, Lamarck.

calcarata, Sow. Sainte–Croix, Coulaines. *Ma collection.*

Rostellaria.

papilionacea, Goldf. Le Mans. *Ma collection.*

— Espèces non déterminées. Le Mans. *Ma collection.*

FUSUS, Bruguière.

Renauxianus, d'Orb. Sainte-Croix. *Ma collection.*

— Plusieurs espèces non déterminées. *Ma collection.*

CERITHIUM, Adanson.

Guerangeri, d'Orb. Le Mans. Sainte-Croix. *Ma collection.*

Gallicum, d'Orb. Sainte-Croix. *Ma collection.*

Sarthense, d'Orb. *C. Limeforme*, d'Orb. Sainte-Croix. *Ma collection.*

Vindinnense, d'Orb. Sainte-Croix, la Trugale. *Ma collection.*

Cenomanense, d'Orb. Sainte-Croix. *Ma collection.*

Hector? d'Orb. Le Mans. *Ma collection.*

— Plusieurs espèces non déterminées. Le Mans, Sainte-Croix, Yvré, etc. *Ma collection.*

VERMETUS, Adanson

Cenomanensis, Ed. G. Cette petite espèce ressemble à une *turritelle* dont le dernier tour serait un peu séparé. Coulaines. *Ma collection.*

EMARGINULA, Lamarck.

Guerangeri, d'Orb. Sainte-Croix, Coulaines. *Ma collection.*

compressa, Ed. G. Coquille plus comprimée que la précédente, saillie des côtes rayonnantes plus uniforme. Coulaines. *Ma collection.*

nodosa, Ed. G. Les côtes rayonnantes forment un nœud à la jonction des lignes circulaires. Yvré-l'Evêque. *Ma collection.*

Cenomanensis, Ed. G. Côtes rayonnantes larges, aplaties et rapprochées. Coulaines. *Ma collection.*

pseudoreticulata, Ed. G. Ressemble beaucoup à l'*Em. reticulata*, Sow. avec laquelle je l'aurais confondue si M. d'Orbigny n'eût pas placé cette dernière dans le terrain Falunien. Yvré-l'Evêque. *Ma collection.*

granulosa, Ed. G. Coquille moins élevée que la précédente, crochet moins incliné, côtes rayonnantes granuleuses, quelques unes plus saillantes dans l'intervalle desquelles il s'en trouve deux ou trois plus petites. Yvré-l'Evêque. *Ma collection.*

striata, Ed. G. Je propose ce nom par opposition aux côtes saillantes que présentent les autres espèces; celle-ci, très remarquable par sa forme gracieuse est seulement ornée de stries réticulées. Coulaines. *Ma collection.*

— Plusieurs moules difficiles à déterminer, parmi lesquels se trouve peut-être l'*Em. Sanctæ-Catharinæ*, Passy. Sainte-Croix. *Ma collection.*

HELCION, Montfort.

excentrica, Ed. G. Sommet peu saillant, placé sur le bord de la coquille dont la forme est peu régulière. Sainte-Croix. *Ma collection.*

Orbignyi, Ed. G. Sommet central, non incliné; stries rayonnantes irrégulières. Coulaines. *Ma collection.*

fragilis, Ed. G. Coquille très mince, formée de couches concentriques qui se séparent aisément surtout dans le voisinage du crochet qui est latéral, ce qui la fait ressembler dans cet état à la valve inférieure d'une *Anomie*. Sainte-Croix. *Ma collection.*

gibbosa, Ed. G. Jolie coquille très latérale, ornée de côtes fines, frangées, irrégulières. Le Mans. Sainte Croix. *Ma collection.*

DENTALIUM, Linné.

lineatum, Ed. G. Espèce de moyenne grosseur, ornée de lignes longitudinales assez régulièrement espacées. Le Mans. *Ma collection.*

Dentalium.

decussatum?, Sow. Yvré-l'Evêque. *Ma collection.*

deforme, Lamarck. Je signale cette espèce de Lamarck, qui, probablement est une Serpule, parce qu'elle caractérise, par son abondance, une des assises de notre Grès-vert. Le Mans, Coulaines, Saint-Aubin, Sainte-Croix. *Ma collection.*

BULLA, Linné.

Orbignyi, Ed. G. Espèce à l'état de moule, allongée, spire saillante. Le Mans. *Ma collection.*

ornata, Ed. G. Espèce à l'état de moule, globuleuse, ornée de stries nombreuses et régulières. Le Mans. *Ma collection.*

— **Nota.** Je passe sous silence plusieurs Gasteropodes encore insuffisamment étudiés pour être placés dans les genres auxquels ils appartiennent.

TEREDO, Linné.

Fleuriausus, d'Orb. Connu seulement par les tubes calcaires contournés que ce mollusque a laissés dans les bois fossiles. Ste-Croix. *Ma collection.*

PANOPÆA, Menard de la Groye.

Asticriana, d'Orb. Coudrecieux. *Collection de M. l'abbé Gallienne.*

gurgitis, d'Orb. Sainte-Croix. *Ma collection.*

elatior, d'Orb. Le Mans. *Ma collection.*

regularis, d'Orb. Sainte-Croix. *Ma collection.*

PHOLADOMYA, Sowerby.

Mailleana, d'Orb. Sainte-Croix. *Ma collection.*

Ligeriensis, d'Orb. Yvré-l'Evêque, Sainte-Croix. *Ma collection.*

gigas, d'Orb. *Pachymya gigas*, Sow. Sainte-Croix, Saint-Calais. *Ma collection.*

Subdinnensis, d'Orb., *Cardium Subdinn.* d'Orb. Sainte-Croix, le Mans. *Ma collection.*

PERIPLOMA, Schumacher.

Sapho, d'Orb. Le Mans ? *Collection ?*

SOLECURTUS, Blainville.

æqualis, d'Orb., *Solen æq.* d'Orb. Coulaines. *Ma collection.*

Guerangeri, d'Orb., *Solen*, d'Orb. Le Mans, Sainte-Croix. *Ma collection.*

radians, d'Orb., *Solen elegans*, d'Orb., *non* Matheron. Coulaines. *Ma collection.*

Pelagi, d'Orb. Sainte-Croix. *Ma collection.* Coquille non anguleuse.

Acteon, d'Orb. Coulaines, Le Mans. *Ma collection.* Coquille ornée de sillons concentriques

LEGUMINARIA, Schumacher.

Nereis, d'Orb. Le Mans? *Collection ?* Rainure cardinale.

DONACILLA, Lamarck.

compressa, d'Orb. Coudrecieux. *Collection de M. l'abbé Gallienne.*

ARCOPAGIA, Brown.

Cenomanensis, d'Orb. Le Mans, Sainte-Croix. *Ma collection.*

radiata, d'Orb. Coulaines, le Mans. *Ma collection.*

CAPSA, Bruguière.

elegans, d'Orb. Le Mans, Coulaines. *Ma collection.*

VENUS, Linné.

Cenomanensis, d'Orb., *Ven. fragilis*, d'Orb., *non* Munster. Le Mans. *Ma collection.*

plana?, Sow. Sainte-Croix. *Ma collection.*

— Espèces non déterminées. Le Mans, Sainte-Croix. *Ma collection.*

CORBULA, Bruguière.
Leufroyi, Ed. G. Très petite espèce, plus inéquivalve que le *Corb. striatula*, Sow., stries moins multipliées. Le Mans *Ma collection*.
OPIS, Defrance.
elegans, d'Orb. Sainte-Croix. *Ma collection*.
Guerangeri, d'Orb. *Isocordia Guer.*, d'Orb. Cette coquille ne présente aucune apparence de lunule. Le Mans. *Ma collection*.
Ligeriensis, d'Orb. Le Mans, Sainte-Croix. *Ma collection*.
Galliennei, d'Orb. Coudrecieux, Pont-de-Gennes. *Ma collection*.
formosa, Ed. G. Coquille très anguleuse, lunule profonde. Le Mans. *Ma collection*.
ASTARTE, Sowerby.
Guerangeri, d'Orbigny. Coulaines, Sainte-Croix. *Ma collection*.
angulata, Ed. G. Petite coquille deltoide, très aplatie, ornée de sillons concentriques larges et profonds. Le Mans. *Ma collection*
CRASSATELLA, Lamarck.
Galliennei, d'Orb. Coudrecieux, *Collection de M. l'abbé Gallienne*.
Guerangeri, d'Orb. La Trugale, Coulaines. *Ma collection*.
Ligeriensis, d'Orb. Coulaines. *Ma collection*.
Vindinnensis, d'Orb. Le Mans, Sainte-Croix. *Ma collection*.
Marrotiana, d'Orb. Coulaines. *Ma collection*.
CARDITA, Bruguière.
Cenomanensis, d'Orb. Yvré-l'Évêque, Coulaines. *Ma collection*.
dubia, d'Orb. *Venericardia dubia*? Sow. Le Mans, Ste-Croix. *Ma collect*.
Guerangeri, d'Orb. Sainte-Croix. *Ma collection*.
tricarinata, d'Orb. La Trugale, Yvré-l'Évêque. *Ma collection*.
CYPRINA, Lamarck.
oblonga, d'Orb. Le Mans, Coudrecieux, Sainte-Croix. *Ma collection*.
Ligeriensis, d'Orb. Sainte-Croix, Le Mans. *Ma collection*
— Espèces non déterminées. Le Mans, Sainte-Croix. *Ma collection*.
CYPRICARDIA, Lamarck. Esp. non déterminées. Le Mans. *Ma collect*.
TRIGONIA, Bruguière.
crenulata, Lamk. Sainte-Croix. *Ma collection*.
Dædalea, Parkinson. Sainte-Croix, Coulaines. *Ma collection*.
sinuata, Park. Sainte-Croix, Le Mans. *Ma collection*.
spinosa, Park. Sainte-Croix, Coulaines. *Ma collection*.
sulcataria, Lamk. Coulaines, Le Mans, Sainte-Croix. *Ma collection*.
Pyrrha, d'Orb. Le Mans. *Ma collection*.
Nereis?, d'Orb. Le Mans. *Ma collection*. Je doute que ce soit une bonne espèce, l'usure peut expliquer l'absence des sillons.
neglecta, Ed. G. diffère du *sinuata*, Park. par sa forme plus allongée et par ses sillons plus espacés. Sainte-Croix. *Ma collection*.
LUCINA, Bruguière.
Nereis, d'Orb. Le Mans, Saint-Georges. *Ma collection*.
CORBIS, Cuvier.
rotundata, d'Orb. Le Mans, Sainte-Croix, Coudrecieux. *Ma collection*.
Verneuili, Ed. G. Petite coquille très inéquilatérale. Le Mans, Sainte-Croix. *Ma collection*.
CARDIUM, Bruguière.
Cenomanense, d'Orb. Sainte-Croix. *Ma collection*.

Cardium.
Guerangeri, d'Orb. Sainte-Croix, Le Mans. *Ma collection.*
Hillanum, Sow. Le Mans, Sainte-Croix. *Ma collection.*
productum, Sow. Le Mans, Sainte-Croix. *Ma collection.*
Vindinnense, d'Orb. Sainte-Croix. *Ma collection.*
APRICARDIA, Ed. Guéranger. Le caractère principal sur lequel je me fonde pour proposer ce nouveau genre est une dent très longue, recourbée, se prolongeant au-delà du bord de la coquille, et rappelant par sa forme et par sa position la défense du *Sanglier*.
carinata, Ed. G. Coquille allongée, oblique, fortement carénée. Le Mans. Sainte-Croix. *Ma collection.*
ISOCARDIA, Lamarck. Une espèce non déterminée. Le Mans. *Ma collect.*
NUCULA, Lamarck.
impressa, Sow., *Nucula Renauxiana*, d'Orb. Sainte-Croix. *Ma collection.*
LIMOPSIS, Sassy; *Pertunculina*, d'Orbigny.
Guerangeri, d'Orb. Coulaines, le Mans. *Ma collection.*
complanata, d'Orb. Coulaines, le Mans. *Ma collection.*
PECTUNCULUS, Lamarck.
subconcentricus, Lamk. Coulaines, le Mans, Yvré. *Ma collection.*
ARCA, Linné.
Galliennei, d'Orb. Sainte-Croix, la Trugale, Coudrecieux. *Ma collection.*
pholadiformis, d'Orb. Sainte-Croix. *Ma collection.*
vendinnensis, d'Orb. Sainte-Croix, le Mans. *Ma collection.*
Sarthensis, d'Orb., *elegans*, d'Orb., *non* Roemer. Le Mans. *Ma collection.*
echinata, d'Orb. Coulaines. *Ma collection.*
Cenomanensis, d'Orb. Le Mans, Sainte-Croix. *Ma collection.*
Albertina, d'Orb., *gibbosa*, d'Orb., *non* Reeve. Sainte-Croix. *Ma collect.*
Subdinnensis, d'Orb. Le Mans, Sainte-Croix. *Ma collection.*
serrata, d'Orb. Coulaines, Yvré-l'Evêque. *Ma collection.*
Guerangeri, d'Orb. Le Mans. *Ma collection.*
Marceana, d'Orb. Le Mans. *Ma collection.*
Tailleburgensis, d'Orb. Le Mans. *Ma collection.*
Ligeriensis, d'Orb. Le Mans, Coulaines. *Ma collection.*
PINNA, Linné.
Galliennei, d'Orb. Sainte-Cerotte, Saint-Calais. *Ma collection.*
tetragona, Sow., *non* Brocchi. Sainte-Croix. *Ma collection.*
MYOCONCHA, Sowerby.
angulata, d'Orb. Le Mans, Sainte-Croix. *Ma collection.*
Ferreti, Ed. G. Petite espèce aplatie, à stries ondulées. La Trugale. *Ma coll.*
cretacea, d'Orb. Coudrecieux. *Collection de M. l'abbé Gallienne.*
MYTILUS, Linné.
peregrinus, d'Orb., *Myt. lineatus*, d'Orb. Sainte-Croix. *Ma collection.*
Chauvinianus, d'Orb. *Myt. semistriatus*, d'Orb. Le Mans. *Ma collection.*
pileopsis, d'Orb. Le Mans, Sainte-Croix, Yvré-l'Evêque. *Ma collection.*
scapularis, Lamk., *Galliennei*, d'Orb. Coulaines, Coudrecieux. *Ma collect.*
siliqua, d'Orb. *Modiola siliqua*, Matth. Le Mans. *Ma collection.*
striatus, Drouet, *non* Montagu, *Ligeriensis*, d'Orb. Le Mans. Saint-Georges. *Ma collection.*
reversus, d'Orb., *Modiola reversa*, Sow. Le Mans. *Ma collection.*
inornatus, d'Orb. Le Mans. *Ma collection.*
interruptus, d'Orb. Le Mans. *Ma collection.*

Mytilus.
semi-ornatus, d'Orb. Le Mans. *Ma collection.*
subfalcatus, d'Orb., *Myt. falcatus*, d'Orb., *non* Goldf. Yvré. *Ma collect.*
dilatatus, d'Orb. Sainte-Croix. *Ma collection.*
striatocostatus, d'Orb. Le Mans, Sainte-Croix. *Ma collection.*
Guerangeri, d'Orb. Sainte-Croix, Yvré, la Trugale. *Ma collection.*
ornatissimus, d'Orb., *Myt. ornatus*, d'Orb., *non* Munster. Yvré, la Trugale. *Ma collection.*
ornatus, Munster. Ressemble beaucoup au *Myt. Guerangeri*, d'Orb., dont il pourrait bien être le jeune âge. Sainte-Croix, Yvré. *Ma collection.*
alternatus, d'Orb. Le Mans, Sainte-Croix. *Ma collection.*
orbiculatus ?, d'Orb. Le Mans. *Ma collection.*
Droueti, Ed. G. Espèce plus comprimée que le *Myt. Ligeriensis*, d'Orb. avec lequel elle a quelques rapports. Le Mans. *Ma collection.*
LITHODOMUS, Cuvier.
rugosus, d'Orb. Sainte-Croix, Yvré-l'Evêque. *Ma collection.*
æqualis, d'Orb. Le Mans, Sainte-Croix. *Ma collection.*
LIMA, Bruguière.
clypeiformis, d'Orb. Sainte-Croix. *Ma collection.*
Reichembachii, Geinitz. Yvré-l'Evêque, Pont-de-Gennes. *Ma collection.*
simplex, d'Orb. Le Mans, Saint-Georges. *Ma collection.*
rapa, d'Orb. Coulaines. *Ma collection.*
tecta, Goldf. Sainte-Croix, Yvré, la Trugale. *Ma collection.*
Galliennei, d'Orb. Sainte-Croix, Yvré, la Trugale. *Ma collection.*
carinata ?, Goldf. Sainte-Croix, Coulaines. *Ma collection.*
ornata, d'Orb. Sainte-Croix, le Mans. *Ma collection.*
Cenomanensis, d'Orb. Le Mans, Coulaines, Sainte-Croix. *Ma collection.*
semi-ornata, d'Orb. Le Mans. *Ma collection.*
subconsobrina, d'Orb., *Consobrina*, d'Orb. Sainte-Croix. *Ma collection.*
subæquilateralis ?, d'Orb. Sainte-Croix, Yvré-l'Evêque. *Ma collection.*
subabrupta ?, d'Orb., *abrupta?* d'Orb. Sainte-Croix. *Ma collection.*
Varusensis ?, d'Orb. Sainte-Croix. *Ma collection.*
minuta, Goldf. Sainte-Croix. *Ma collection.*
— Plusieurs espèces non déterminées. Ste-Croix, Coulaines. *Ma collect.*
AVICULA, Klein.
subplicata ?, d'Orb., *A. plicata*, d'Orb., *non* Sow. Le Mans. *Ma collect.*
Cenomanensis, d'Orb. Le Mans, Sainte-Croix. *Ma collection.*
interrupta, d'Orb. Le Mans. *Ma collection.*
anomala, Sow. Le Mans. *Ma collection.*
— Plusieurs espèces non déterminées. Le Mans, Sainte-Croix. *Ma collect.*
GERVILIA, Defrance.
enigma, d'Orb. *Perna aliformis?* d'Orb. Le Mans. *Ma collection.*
subaviculoides, d'Orb. Sainte-Croix, Coulaines. *Ma collection.*
PERNA, Bruguière.
lanceolata, Geinitz. La Trugale, Yvré-l'Evêque. *Ma collection.*
Cenomanensis, Ed. G. Petite espèce ornée de stries concentriques. Le Mans. *Ma collection.*
flexuosa, Ed. G. Espèce alongée, étroite, courbe. Ste-Croix. *Ma collect.*
— Une espèce assez grande non déterminée. Coulaines. *Ma collection.*
INOCERAMUS, Parkinson.
striatus, Mantel. Sainte-Croix. *Ma collection.*

Inoceramus.

angulatus, d'Orb. Saint-Calais. *Ma collection et celle de M. l'abbé Gallienne*, de qui je tiens l'exemplaire que je possède.

conicus, Ed. G. Espèce conique, assez grande. Yvré. *Ma collection.*

— Espèces non déterminées. Coulaines, Sainte-Croix. *Ma collection.*

PINNIGENA, Deluc.

Sarthensis, Ed. G. Pont-de-Gennes. *Ma collection.* J'ignore la forme extérieure de cette espèce dont je ne connais l'existence que par des fragments de coquille épais et fibreux. Si je me hasarde à lui donner un nom spécifique, c'est que je ne crois pas que ce genre ait encore été observé dans l'étage du Grès-vert.

PECTEN, Gualtieri.

asper, Lamk. La Ferté-Bernard. *Collection de M. N. Desportes.*

virgatus, Nilsson. Le Mans, Sainte-Croix. *Ma collection.*

Cenomanensis, d'Orb. Le Mans, Yvré-l'Evêque. *Ma collection.*

obliquus, d'Orb. Yvré-l'Evêque, la Trugale. *Ma collection.*

subacutus, Lamk. Sainte-Croix, Yvré. *Ma collection.*

elongatus, Lamk. Coulaines, Sainte-Croix. *Ma collection.*

Galliennei, d'Orb. La Trugale, Yvré-l'Evêque. *Ma collection.*

orbicularis, Sow. Sainte-Croix. *Ma collection.*

Neptuni, d'Orb. Le Mans, Sainte-Croix. *Ma collection.*

Calipso ?, d'Orb. Le Mans, Sainte-Croix. *Ma collection.*

hispidus ?, Goldf. Yvré-l'Evêque, la Trugale. *Ma collection.*

quinquecostatus, *Janira*, d'Orb. Le Mans, Sainte-Croix. *Ma collection.*

phaseolus, Lamk., non *Janira phaseola*, d'Orb. Coulaines. *Ma collection.*

lœvis, *Neithœa Lœvis*, Drouet; *Janira phaseola*, d'Orb. Le Mans, Yvré-l'Evêque. *Ma collection.*

æquicostatus, Lamk., *Janira*, d'Orb. Sainte-Croix. *Ma collection.*

dilatatus, *Janira*, d'Orb. Le Mans. *Ma collection.*

longicauda, *Janira*, d'Orb. Le Mans, Sainte-Croix. *Ma collection.*

digitalis, *Janira*, d'Orb. Le Mans. *Ma collection.*

— Espèces non déterminées. Coulaines, Sainte-Croix. *Ma collection.*

HINNITES, Defrance.

gigantea, Ed. G. Coquille très grande et très épaisse, valve inférieure munie d'un canal sur la charnière qui se prolonge en talon, valve supérieure plus petite. Coulaines. *Musée du Mans. Ma collection.*

SPONDYLUS, Linné.

Hystrix, Goldf. Sainte-Croix, Coulaines. *Ma collection.*

OSTREA, Linné.

lateralis, Nilsson, *canaliculata*, d'Orb. Le Mans, Sainte-Croix. *Ma collect.*

Carantonensis ?, d'Orb. Sainte-Croix. *Ma collection.*

carinata, Lamk. Sainte-Croix, Coulaines, Yvré-l'Evêque. *Ma collection*

flabella, d'Orb. *Griphœa plicata*, Lamk. Le Mans, Sainte-Croix, Saint-Georges. *Ma collection.*

biauriculata, Lamk. Le Mans, Sainte-Croix, etc. *Ma collection.*

columba, Deshayes (*type*). Le Mans, Sainte-Croix, etc. *Ma collection.*

Var. A. *gigantea*, Ed. G. Le Mans, Bousse. *Ma collection.*

Var. B. *globosa*, Ed. G. Sainte-Croix. *Ma collection.*

Var. C. *minima*, Ed. G. Yvré-l'Evêque, Ballon. *Ma collection.*

Diluviana, Linné. Sainte-Croix, Coulaines. *Ma collection.*

haliotidea, d'Orb. *Exog. haliotidea*, Sow. Ste-Croix, Le Mans. *Ma collect.*

Ostrea.

conica, d'Orb. *Exogira conica*, Sow. Le Mans, Sainte-Croix. *Ma collection.*
vesiculosa, Sow., non *vesicularis*, Lamk. Le Mans, Yvré. *Ma collection.*
lingularis, Lamk. Sainte-Croix. *Ma collection.*
Turonensis?, d'Orb. Sainte-Croix. *Ma collection.*
— Espèces non déterminées. Le Mans, Sainte-Croix. *Ma collection.*

TEREBRATULA, Lwyd.
Lamarckiana, *Rhynchonella*, d'Orb. Yvré-l'Evêque, La Trugale. *Ma collection.* Fréquemment irrégulière, *difformis?* Lamk.
compressa, Lamarck. Sainte-Croix. *Ma collection.*
alata, Lamk. Sainte-Croix, Coulaines, etc. *Ma collection.*
Menardi, Lamk. Sainte-Croix, Coulaines, etc. *Ma collection.* A Yvré on en rencontre une forme particulière qu'une étude plus approfondie pourrait caractériser comme espèce. *Ma collection.*
pectita, Lamarck. Coulaines, Saint-Aubin, Le Mans. *Ma collection.*
gracilis? Schloth. Sainte-Croix. *Ma collection.*
biplicata, Sow. Sainte-Croix, Coulaines, etc. *Ma collection.*
phaseolina, Lamk. Le Mans, Coulaines, Bousse. *Ma collection.* Caractérise une des assises du Grès-vert.
lima, Defrance, Yvré-l'Evêque, la Trugale. *Ma collection.*
— Une ou deux espèces non déterminées. Le Mans. *Ma collection.*

CRANIA, Retzius.
Cenomanensis, d'Orb. Le Mans, Yvré-l'Evêque, Coulaines. *Ma collection.*

THECIDEA, Defrance.
rugosa, d'Orb. Sainte-Croix, Coulaines, etc. *Ma collection*

CAPRINELLA, d'Orbigny,
triangularis, d'Orb. *Ichthyosarcolites,* Desmarest. Valenne? *Collection du Séminaire du Mans.*

RADIOLITES, Lamarck.
fleuriausa, d'Orb. Le Mans, Sainte-Croix. *Ma collection.*

BIRADIOLITES, d'Orb., *Hippurites,* Desmoulins.
cornu pastoris, d'Orb. Sainte-Cerotte. *Collection de M. l'abbé Gallienne.*

CAPROTINA, d'Orbigny.
costata, d'Orb. Le Mans, Sainte-Croix. *Ma collection.*
striata, d'Orb. Le Mans. *Ma collection.*
semi-striata, d'Orb. Le Mans. *Ma collection.* Coquille supérieure lisse, peut-être par l'usure des stries?
Cenomanensis, d'Orb. Sainte-Croix, Yvré-l'Evêque. *Ma collection.* Cette jolie espèce pourrait aisément être confondue avec un *Chama.*
— Plusieurs espèces non déterminées. Le Mans, Sainte-Croix, *Ma collect.*

BRYOZOAIRES.

Les travaux considérables qui ont été faits récemment sur les Bryozoaires ne me permettent pas de signaler aujourd'hui les espèces si nombreuses des terrains crétacés de la Sarthe, avant de les avoir soumises à une nouvelle étude. Je réserve donc cette publication pour mon *Catalogue raisonné.*

ECHINODERMES.

HOLASTER, Agassiz. Espèces non déterminées. Ste-Croix. *Ma collection.*
MICRASTER, Agassiz. Espèces non déterminées. Ste-Croix. *Ma collect.*
HEMIASTER, Agassiz. Espèces non déterminées. Ste-Croix. *Ma collection.*

PYGURUS, Agassiz.
trilobus, Agass. Coulaines. *Ma collection.*
ARCHIACIA, Agassiz.
sandalina, Agass. Sainte-Croix. *Ma collection.*
CATOPYGUS, Agassiz.
carinatus, Agass. Le Mans, Bousse, Tuffé. *Ma collection.*
columbarius, Agass. Coulaines. *Ma collection.*
CARATOMUS, Agassiz.
trigonopygus, Agass. Le Mans, Sainte-Croix, Yvré-l'Evêque. *Ma collect.*
PYRINA, Agassiz.
ovulum? Sainte-Croix. *Ma collection.*
DISCOIDEA, Gray.
rotula, Agass. Le Mans, Pontlieue; dans les silex roulés. *Ma collection.*
— Une petite espèce non déterminée. Coulaines, Le Mans. *Ma collection.*
PYGASTER, Agassiz.
costellatus, Agass. Sainte-Croix. *Ma collection.*
CODIOPSIS, Agassiz.
doma, Agass. Coudrecieux, Pont-de-Gennes. *Ma collection.*
Michelini, Ed. G. Espèce plus petite, plus granuleuse. Le Mans. *Ma collect.*
ARBACIA, Gray.
granulosa, Agass. Sainte-Croix. *Ma collection.*
DIADEMA, Gray.
annulare, Agass. Sainte-Croix, Le Mans, Tuffé. *Ma collection.*
granulare, Agass. Sainte-Croix, Le Mans. *Ma collection.*
GONIOPYGUS, Agassiz.
Menardi, Agass. Le Mans. *Ma collection.*
PELTASTES, Agassiz. Espèce non déterminée. Sainte-Croix. *Ma collect.*
SALENIA, Gray.
personata, Agass. Sainte-Croix, le Mans. *Ma collection.*
CIDARIS, Lamarck.
spinulosa, Agass. Sainte-Croix. *Ma collection.*
— Plusieurs Oursins non encore déterminés comme genres et comme espèces.
ASTERIAS, Lamarck.
Cenomanensis, Ed. G. Deux exemplaires presque complets, avec leurs épines. Sainte-Croix. *Ma collection.*
COMATULA?, Lamarck.
parodoxa, d'Orb., *Glenotremites,* Goldf. Sainte-Croix. *Ma collection.*
— Quelques articulations avec une partie de leurs rameaux, ainsi que plusieurs pièces appartenant au même genre, mais à des espèces différentes. Sainte-Croix. *Ma collection.*
OPHIURA, Lamarck.
cretacea, Ed. G. Exemplaires assez complets. Sainte-Croix. *Ma collection.*
PENTACRINUS, Miller.
Cenomanensis, d'Orb. Sainte-Croix. *Ma collection.*
— Plusieurs articulations de crinoides indéterm. Ste-Croix. *Ma collect.*

ZOOPHYTES.

TROCHOCYATHUS, Milne Edwards et J. Haime.
gracilis, Miln. Edw. et J. H Le Mans, Coulaines. *Ma collection.*

ACTINOSERIS, d'Orbigny.
Cenomanensis, d'Orb. Localité ? *Collection ?*
STYLOCYATHUS, d'Orbigny,
dentalina, d'Orb. Localité ? *Collection ?*
LOPHOSMILIA ?, Milne Edwards et J. Haime.
Cenomana, Miln. Edw. et J. H. Le Mans. *Ma collection.*
MONTLIVALTIA, Lamouroux.
inæqualis, Miln. Edw. et J. H. Le Mans. *Ma collection.*
Guerangeri, Milne Edw. et J. H. Le Mans. *Ma collection.*
pateriformis, Miln. Edw. et J. H. Le Mans. *Ma collection.*
striatula, Miln. Edw. et J. H. Le Mans. *Ma collection.*
irregularis, Miln. Edw. et J. H. Le Mans. *Ma collection.*
THECOPHYLLIA, Milne Edwards et J. Haime.
patellata, Miln. Edw. et J. H. Le Mans. *Ma collection.*
MICROBACIA, Milne Edwards et J. Haime.
coronula, d'Orb., *fungia coronula*, Goldf. Coulaines. *Ma collection.*
CŒLOSMILIA, Milne Edwards et J. Haime.
Sulcata, d'Orb. Sainte-Croix. *Ma collection.*
FUNGINELLA, d'Orbigny.
semi-globosa, d'Orb. Le Mans. *Mà collection.*
CYCLOCŒNIA, d'Orbigny.
explanata ?, d'Orb. *Oculina*, Mich. Sainte-Croix. *Ma collection.*
STEPHANOCŒNIA, Milne Edwards et J. Haime.
Desportesiana, Miln. Edw. et J. H., *Astrea Desportesiana*, Mich. Ste Croix. *Ma collection.*
PRIONASTREA, Milne Edwards et J. Haime.
ambigua, d'Orb., *Meandrina*, Mich. Sainte-Croix. *Ma collection.*
SYNASTREA, Milne Edwards et J. Haime.
superposita, M. Edw. et J. H. *Astrea,* Mich. Sainte-Croix. *Ma collection.*
Ludovicina, M. Edw. et J. H. *Agaricia*, Mich. Sainte-Croix. *Ma collection.*
decipiens, M. Edw. et J. H., *Astrea,* Mich. Sainte-Croix. *Ma collection.*
Magna ?, d'Orb. Sainte-Croix. *Ma collection.*
POLYTREMA, Risso.
clavula, d'Orb., *Ceriopora,* Mich. Sainte-Croix. *Ma collection.*
lobata, d'Orb , *Chætetes,* Mich. Yvré-l'Évêque. *Ma collection.*
truncata, d'Orb., *Ceriopora,* Mich. Yvré-l'Evêque. *Ma collection.*
avellana, d'Orb. *Ceriopora,* Mich. Sainte-Croix, Coulaines. *Ma collection.*
pseudotuberosa, d'Orb., *Ceriopora tuberosa,* Mich. *non* Roemer. Sainte-Croix. *Ma collection.*
licheniformis, d'Orb., *Ceriopora,* Mich. Sainte-Croix. *Ma collection.*
CERIOPORA, Goldfuss.
ramulosa, d'Orb., *Chætetes*, Mich. Sainte-Croix. Yvré. *Ma collection.*
papularia, Michelin. Yvré-l'Evêque. *Ma collection*
— J'omets à dessein un assez grand nombre de Polypiers encore insuffisamment étudiés.

FORAMINIFÈRES.

NODOSARIA, Lamarck.
Orbignyi, Ed. G. Espèce difficile à décrire sans figure. Ste-Croix. *Ma coll.*

ORBITOLITES, Lamarck. *Orbitolina*, d'Orb.
concava, Lamk. Ballon, Saint-Mars-sous-Ballon. *Ma collection.*
FLABELLINA, d'Orb.
Cenomana, d'Orb. Sainte-Croix. *Ma collection.*
ovalis, d'Orb. Sainte-Croix. *Ma collection.*

AMORPHOZOAIRES.

EUDEA, Lamouroux.
cylindrica, d'Orb., *Chenendopora*, Mich. Sainte-Croix. *Ma collection.*
GUETTARDIA, Michelin.
stellata, Mich. *Bellesmes* (Orne). *Collection de M. Desportes.*
HIPPALIMUS, Lamouroux.
multidigitatus, d'Orb., *Spongia*, Mich. Sainte-Croix. *Ma collection.*
furcatus, d'Orb., *Scyphia*, Goldf. Sainte-Croix. *Ma collection.*
CHENENDROPORA, Lamouroux.
sphærica, d'Orb., *Lymnorea*, Mich. Sainte-Croix. *Ma collection.*
CUPULOSPONGIA, d'Orb.
Trigeris, d'Orb., *Spongia Trigeris*, Mich. Sainte-Croix. *Ma collection.*
AMORPHOSPONGIA, d'Orb.
informis, d'Orb., *Spongia inform.*, Mich. Le Mans, Coulaines. *Ma collect.*
— Plusieurs autres Amorphozoaires non déterminés.

VÉGÉTAUX.

ZAMIOSTROBUS, Endlicher.
Guerangeri, Ad. Brong. « Cône ou épi mâle, avec ses écailles peltées portant des anthères globuleuses groupées comme dans les vrais *Zamia.* » Sainte-Croix. *Ma collection.*
CYCADOIDEA, Buckl. Espèce non déterminée, trouvée à Yvré-l'Évêque, hors place. *Musée du Mans.*
— Bois fossile indéterminable ; feuilles non déterminées de divers végétaux. Sainte-Croix. *Ma collection.*
— Fruit indéterminé. Localité inconnue. *Musée du Mans.*

ÉTAGE DE LA CRAIE TUFAU.

L'étage de la craie tufau se montre sur plusieurs points du département de la Sarthe où cette roche est exploitée en grand comme marne, comme pierre à chaux hydraulique et surtout comme pierre de taille. Malgré ces avantages, nous ignorons presque entièrement la faune que cette assise géologique renferme dans nos limites. Je me propose de diriger mes recherches de ce côté afin de contribuer à combler cette lacune. Pour le présent je me bornerai à citer, comme fossiles très remarquables, le **Pleurotomaria Galliennei**, d'Orb. et un **Inoceramus** indéterminé qui, dans la Sarthe, caractérisent cet étage.

ÉTAGE DE LA CRAIE SUPÉRIEURE.

MOLLUSQUES.

NAUTILUS, Breynius. Espèce arrondie, indéterminée. Saint-Fraimbault. *Ma collection.*

AMMONITES, Bruguière.
Bourgeoisii, d'Orb. Saint-Fraimbault. *Ma collection.*
HAMITES, Parkinson. Espèce indéterminée. Saint-Fraimbault. *Ma collect.*
GLOBICONCHA, d'Orb. Espèce indéterminée. St-Fraimbault. *Ma collect.*
PTERODONTA, d'Orb. Espèce indéterminée. St-Fraimbault. *Ma collect.*
PLEUROTOMARIA, Defrance. Espèce indéterm. St-Fraimbault. *Ma coll.*
CRASSATELLA, Lamarck. Espèce indéterminée. St-Fraimbault. *Ma coll.*
CYPRINA, Lamarck. Espèce indéterminée. St-Fraimbault. *Ma collection.*
TRIGONIA, Bruguière. Espèce indéterminée. St-Fraimbault. *Ma collect.*
CARDIUM, Bruguière.
Faujasii ?, Desmoulins. Saint-Fraimbault. *Ma collection.*
ARCA, Linné. Espèce indéterminée. Saint-Fraimbault. *Ma collection.*
LIMA, Bruguière.
pulchella ? d'Orb. Saint-Fraimbault. *Ma collection.*
semi sulcata, Deshayes. Saint-Fraimbault. *Ma collection.*
PINNIGENA, Deluc.
ultima, E. G. Connue, comme l'espèce du Grès-vert, seulement par des fragments de coquille épais et fibreux. Saint-Fraimbault. *Ma collection.*
PECTEN, Gualtieri.
Dujardini, Roemer. Saint-Fraimbault. *Ma collection.*
quadricostatus, Sow. *Janira,* d'Orb. Saint-Fraimbault. *Ma collection.*
substriatocostatus, *Janira,* d'Orb. Saint-Fraimbault. *Ma collection.*
— Espèces non déterminées. Saint-Fraimbault. *Ma collection.*
OSTREA, Linné.
vesicularis, Lamk. Saint-Fraimbault. *Ma collection.*
Santonensis, d'Orb. Saint-Fraimbault. *Ma collection.*
cornu arietis ?, Goldf. *arietina?* d'Orb. Saint-Fraimbault. *Ma collect.*
— Une espèce non déterminée. Saint-Fraimbault. *Ma collection.*
TEREBRATULA, Lwyd.
vespertilio, Lamk., *Rhynchonella,* d'Orb. Saint-Fraimbault. *Ma collect.*
echinulata, Dujardin. Saint-Fraimbault. *Ma collection.*
Bourgeoisii, *Terebratella,* d'Orb. Saint-Calais, Connerré. *Ma collection.*

BRYOZOAIRES.

LUNULITES, Lamarck.
Bourgeoisii, d'Orb. Saint-Fraimbault. *Ma collection.*
RETICULIPORA, d'Orbigny.
obliqua ?, d'Orb. Saint-Fraimbault. *Ma collection.*
ramosa, d'Orb. Saint-Fraimbault. *Ma collection.*
— Plusieurs autres Bryozoaires non déterminés. *Ma collection.*

ECHINODERMES.

Oursins non déterminés. Saint-Fraimbault. *Ma collection.*

TERRAIN TERTIAIRE.

ÉPOQUE MIOCÈNE.

C'est le seul étage tertiaire connu jusqu'ici dans le département de la Sarthe, et encore n'est-il représenté que par deux de ses dépendances : le Grès-de-Fontainebleau et le Calcaire Lacustre.

ASSISE DU GRÈS-DE-FONTAINEBLEAU.

Ce dépôt, dans lequel nous n'avons pas encore rencontré de coquilles, contient une grande abondance de tiges, feuilles, fleurs et fruits qui, nous l'espérons, seront un jour déterminés et décrits par M. Ad. Brongniart. Pour le présent, je ne puis enregistrer que les deux genres suivants :

STEINHAUERA, Pzesl.

subglobosa, Sternb. St-Aubin, St-Pavace. *Musée du Mans, Ma collection.*

FLABELLARIA, Brongniart. Une ou même deux espèces, non déterminées. Saint-Aubin, Saint-Pavace, Fyé. *Musée du Mans, ma collection.*

ASSISE DU CALCAIRE LACUSTRE.

MOLLUSQUES.

LYMNEA, Lamarck.

longiscata, La Chapelle-Saint-Aubin. *Ma collection.*

pyramidalis, Sow. La Chapelle-Saint-Aubin *Ma collection.*

— Deux ou trois autres espèces non déterminées. La Chapelle-Saint-Aubin. *Ma collection.*

PLANORBIS, Muller et Bruguière. Deux espèces non déterminées. Saint-Aubin. *Ma collection.*

PALUDINA, Lamarck.

pygmæa, Deshayes. La Chapelle-Saint-Aubin. *Ma collection.*

— Plusieurs espèces indéterminées. La Chapelle-Saint-Aubin. *Ma collect.*

POTAMIDES, Brongniart. Au moins deux espèces indéterminées. Saint-Aubin. *Ma collection.*

VÉGÉTAUX.

CHARA, Linné.

medicaginula?, Brongniart. La Chapelle-Saint-Aubin, Fyé. *Ma collection.* Peut-être que des recherches plus attentives feront distinguer d'autres espèces, surtout à Fyé où ce petit fossile est très abondant.

En terminant mon travail, je prie le public auquel je m'adresse, de n'être pas trop sévère à l'égard de cette œuvre très imparfaite. Loin des savants et des bibliothèques paléontologiques, il m'a fallu laisser bien des questions indécises, bien des espèces indéterminées. Je le répète, cet inventaire n'est qu'une ébauche livrée au public afin que ses marges se remplissent d'observations utiles qui, jointes à des études ultérieures, me permettront d'employer à la rédaction de mon *Catalogue raisonné* une critique plus éclairée.

www.ingramcontent.com/pod-product-compliance
Ingram Content Group UK Ltd.
Pitfield, Milton Keynes, MK11 3LW, UK
UKHW012113240726
13965UKWH00004B/1740

9 782013 04736